说改就改

何筱韵 著

别让习惯固定你的人生

U0914056

企业管理出版社
ENTERPRISE MANAGEMENT PUBLISHING HOUSE

图书在版编目（CIP）数据

说改就改：别让习惯固定你的人生 / 何筱韵著 .— 北京：企业管理出版社，2017.1

ISBN 978-7-5164-1439-2

Ⅰ. ①说… Ⅱ. ①何… Ⅲ. ①成功心理－通俗读物 Ⅳ. ①B848.4

中国版本图书馆 CIP 数据核字 (2016) 第 312221 号

北京市版权局著作权合同登记号：01-2016-7207

书　　名：说改就改 别让习惯固定你的人生
作　　者：何筱韵
责任编辑：于湘怡
书　　号：ISBN 978-7-5164-1439-2
出版发行：企业管理出版社
地　　址：北京市海淀区紫竹院南路 17 号　　**邮编**：100048
网　　址：http://www.emph.cn
电　　话：总编室 (010) 68701719　发行部 (010) 68701816　编辑部 (010) 68701661
电子信箱：1502219688@qq.com
印　　刷：三河市嘉科万达彩色印刷有限公司印刷
经　　销：新华书店
规　　格：170 毫米 × 240 毫米　16 开本　10.25 印张　120 千字
版　　次：2017 年 1 月第 1 版　2017 年 1 月第 1 次印刷
定　　价：29.00 元

序言

“上班又要迟到了，明天我不能再睡过头了。”

“明明我只是想出门随意逛逛，但是遇到了不容错过的好东西，就算是超出预算，我还是咬着牙买了下来。”

“老早就定好的计划，总是因故无法顺利进行，一拖再拖。”

这些情况，好像每天都能出现在我们的生活中，虽然我们很希望人生能在自己的掌握之中，但实际上，在大多数情况下，我们的人生还是朝着“失控”的方向发展得比较多。

为什么我们明明知道不该迟到、不该冲动购物、更不该一再拖延，却还是不能克服，不能改变，还让事情变得更糟呢？

如果你的想法或心愿总是被惯性的思考方式或行为模式制约，那么你想改变上述不良习惯的愿望恐怕很难达成。但是，相反地，如果你能够不断重复某种对人生有助益的想法或行为，就能一点一点改掉不良习惯，改变人生，让自己走向卓越，达成目标。当一般人还在为自己恶习和惰性在心中拔河时，许多人已经默默地通过一些看似没什么大不了的好习惯一步一步超越我们了。

如果你想要改变自己不太满意的人生现状，就必须在自己最熟悉的“惯性思维”和“习惯行为”中种下一颗想要改变的种子，让它在你的人生中不断成长、茁壮、开花、结果，这样，你的人生转机才会来临。

当然，改变人生中沿袭已久的不良习惯谈何容易，所以本书中介绍了重建人生秩序的步骤，帮助你由内而外地启动改造人生的计划。

首先，如果我们希望自己的人生变得有所不同，就必须先正视自己"为什么习惯这样做"的问题，每个人的内心都有一道自我保护防线，突破这道内心的防线才能看见真正的问题所在。如果你已经认识到了问题的存在，接下来就可以通过改变自己对事物主观的喜恶认知来调整自己内心的"原厂设定"，停止那些过去拖垮你的不良习惯。一旦你把让人生化脓的病菌挤走，就有了新的空间，可以重新注入正面的信念，开始正确的行为。最后一步，也是最关键的一步，为了让这些能帮助你实现人生目标的信念与行为成为现实，你可以借助重复的力量，让它们变成一种好习惯，潜移默化地使生命逐渐蜕变。

其实你只要愿意每天改变一点点，就能给自己的人生带来转机。也许你过去生活的太过随心所欲，所以很多本可实现的目标就与你擦肩而过，既然意识到有些习惯已经阻碍了人生的进步，那么，现在不改，更待何时?

想要让遗憾人生转为充实人生，你现在就可以替自己写下改变的第一笔。

目录

Chapter I 是命运对人生绑手绑脚，还是认知习惯绑架了人生？

Chapter I

Section 1 是命运注定了未来，还是惯性思维决定了人生！

你是否曾经思考过，自己的人生为什么不能和所谓的成功人士达到同一个层级，如果你时常“想新路”，却又总是“走原路”，于是你就索性说服自己命运已定，那么，即使转变的契机就在眼前，你也只能与之擦肩而过，你与成功的距离也就会越来越远。

其实，我们可以肯定，并没有命运已定之说。

同卵的双胞胎兄弟，在生命的初始，由一个受精卵分裂而成两个独立的个体，这两个个体的生理条件有可能几乎完全相同，长大后他们的外表也可能几乎一模一样，但他们的人生际遇却可能截然不同。也许，因为彼此的成长环境、家庭教育一致，让这对双胞胎在幼年时性格相近，言行气质更如出一辙，但随着年岁增长，两人之间的差异就会日渐明显。成长历程中，他们各自有了不同的生活经验，对人生产生了不同的理解和诠释，于是他们的言行气质也就有了越来越明显的差异，两个人也自然会有不同的命运。

双生兄弟也会有不同的人生，可见命运绝非注定，它是可以被我们掌握和改变的。因此，如果你想要改变人生，就要从自己着手，若能改变自己对事情的直观想法和隐藏在潜意识中的惯性思维，就能改变长久以来已然成形的不良习惯，而原本看似难以改变的生活状况，难以扭转的人生境遇也就能获得意想不到的改善。

小心！预设心理会让你错估客观事实。

美国的心理学家曾经针对自我认知与环境反馈之间的关系，进行过一项有趣的伤痕实验。这个实验主要是观察，当人们面对身体有缺陷的陌生人时，会有什么特别的反应。

实验者从网上征求志愿者。实验时，每位志愿者都被分别安排在不同的隔间里，由专业化妆师在他们的脸上画上一道触目惊心的伤痕。画完后，化妆师提供给志愿者一面小镜子，让他们看一眼化妆效果。接着，化妆师收走镜子，并向志愿者表示，他们必须在伤痕表面再抹上一层蜜粉，防止伤痕被不小心擦掉。之后，这些志愿者就被伪装成病人分派往各医院的急诊室，并被要求观察人们对他们的反应。

等到志愿者一一从急诊室返回，心理学家询问大家："请问别人看到你的脸之后有什么反应？"志愿者竟然都异口同声地表示，别人会用更粗鲁、更不友善的态度来对待他们，而且会不自觉地注视他们脸上的疤痕。

其实，志愿者脸上的疤痕早已被化妆师在所谓抹蜜粉的时候掩盖掉了，在医院时，他们的外表已经和平时没有什么差别。这些志愿者会得出上述结论，完全是出于预设心理，他们觉得"我脸上有缺陷，所以大家都不会喜欢我"，这个心理影响了他们的客观判断。

可见，即使是经过我们谨慎思考得出的结论，往往也会受到预设前提的影响而不一定正确。很多时候，我们无法改变人生的真正原因，是无法改变自己早已定型数年或数十年的惯性思考。有时候，你绝望地认为命运无法改变，但其实真正造成宿命的，是你选择相信命中注定的论调，这种错误的预设心理抵消了你逆转人生的可能性。

两千五百多年前的佛教经典《六趣轮回经》中就提到过这样的观念——一切失败来自错误的认识，因此，只有摆脱旧的思维，避免错误的心理预设，你才能航向未知却潜藏着无限可能的大海，获得崭新的人生。

将自己的思考高度，从“已知”降格为“无知”！

被称为“理想生活实践家”的日本畅销书作家松浦弥太郎曾在自己的著作中提过，为了不让自己的生活模式陷入机械化，或是总认为“这件事我已经学会了”，而落入不思则退的窠臼之中，他会为自己准备一个名为“不知道”的箱子，当他遇到自己不知道或不清楚的事情时，就把它写在小纸条里，然后放进“不知道”箱子里，每个月松浦弥太郎会打开一次箱子。箱子里日渐累积了许多“不知道的事”，当开箱检视时，就会发现自己仍有许多需要持续探究或精进之处，这就在极大程度上避免了因为对自己的经历或学养过于自信而陷入不进则退的境地。

松浦弥太郎曾说过：“在看不到的地方也保持天真——这就是我每天新鲜过生活的方法。就算没有成长也没关系，只希望常保新鲜。”让自己每天如同新生儿一般，用好奇的目光看待这个世界，因为拥有满怀学习未知的热忱，生活就不会轻易为惯性思维所困。

你也可以试着从今天开始，让自己从日复一日的重复中，重新开启探索未知的雷达，让自己做一个谦虚求教的人，而不自认无所不知或被看起来无所不知的人引导或决定你的人生。

Changing know-how 改变自己的小窍门 1/30

揭下令人生僵化的思考封印。

有时候，我们会失去与人生搏斗的勇气，宁愿选择相信所谓的命运，这其实是你潜意识里不愿意面对人生僵局，也不想努力解决问题造成的。所以，如果想要启动发自内心的转变力，你必须先解开那些一再告诉自己“这不可能”“我做不到”的封印，唯有改变想法才可能改变做法，人生也才能随之重新开启。

1. 面对每天层出不穷的人和事，如果你开始问自己“我这样做的原因是什么？”就说明你已经懂得探查自己心中真正的想往与一直极力逃避的事情。一旦掌握了自己惯性思维的成因，你就能除旧布新，重整作为，进而走向想要的人生。
2. 如果你觉得现在的人生卡住了，其实，很有可能是过去的经验让你不敢更不愿接受更多的挑战。那么你也不需要逼迫自己马上跳脱困境。面对问题，你可以停下来等待，并好好想想“为什么我会遇到这个问题？”“以前的做法既然行不通，那还有没有第二种方法？”通过思考，把阻碍人生的大石头引爆成能随手丢掉的小石块。

Chapter I

Section 2 努力也要用对方法，你的人生才不会瞎忙！

你是否曾经想要改变自己的不良习惯，却因为用错方法而难收成效？或是，你曾经尝试过一些还不错的方法，也短暂地修正了生活习惯，但是没过多久，只要稍有松懈，就再度回到原形。由于这些不成功的改造经验，所以当你又听到“改变能拯救人生……”这类说辞时，就不免意兴阑珊，很难被唤起斗志。

以令人爱恨交加的瘦身为例，市面上充斥着各式各样的塑身器材和教人调整饮食的书籍，其中介绍的瘦身方法看起来都有其实效，但为何真正能瘦身成功的人却不多见呢？三天捕鱼两天晒网固然是重要原因，但其实不少人在选择某种瘦身方法之前，并未思考过这些方法是不是真的适合自己，选错了方法，自然更难坚持，更难有所收获。

事实上，当你想要改变某个生活习惯时，最重要的一件事就是问自己：“我该如何做？”就如同世界知名的潜能激励大师安东尼·罗宾所言：“改变，最困难的地方在于‘如何才能改变’。”如果你能在开始动手改造自己之前，先想一想怎么做才能真正达成目标，就不会徒劳无功。

学会借力使力，就不会白费力气。

对于“如何才能改变自己（或人生）”的提问，如果你只是一味地埋着头走一步算一步，不曾思考到达目标的过程要怎么走，不曾安排计划，也未曾反复检讨做法和进度，那么，显而易见地，你所采取的这些行动只会把你的时间浪费在不值得的地方，而最后必然面对的失败又会打击你的自信。若你能多方分析比较那些曾经成功改变自己的人所使用的方法，再以自身体悟加以补充、改善，如此借力使力，则能事半功倍。

作为科技史上最伟大、最有影响的科学家之一，牛顿曾说过：“如果我看的比别人远，那是因为我站在巨人的肩膀上。”他口中的巨人包括被世人称为现代观测天文学之父的意大利天文学家伽利略和提出行星运动三大定律的德国天文学家开普勒。牛顿正是立足于前辈科学巨擘的研究基础之上，选择了正确的方法，才能思考论证出更上一层楼的科学法则。

所以，如果你力图改变自己身上的不良习惯，那么就让自己借力使力，用对方法，不断实践，逐步在一点一滴的收获中建立信心，目标一定会离你越来越近。

有这样一个励志故事，美国有个初出社会的年轻人克里斯汀，她既没有大笔存款，也缺乏工作经验，但她很早就为自己定下了努力奋斗的目标：“我一定要创业，并且在三十岁之前，成为百万富翁！”可是，一个一无所有的年轻人，要达成“在三十岁前成为百万富翁”的梦想谈何容易呢？

起初，克里斯汀在一家书店任职库管人员，在这个地方工作半年后，她发现自己每个月的薪水扣除房租以及日常的固定开销后，只能存下一千美元左右，即使她再努力工作十年，也只能存到十二万美元，这与自己设定的目标相差太远。于是，她开始思考自己有什么专长能够增加额外的收入。仔细一想，克里斯汀除了对自己动手粉刷墙壁很有兴趣外，真是别无所长。然而即使克里斯汀每天都努力帮别人粉刷墙壁，扣除成本与时间，五十年后，她也仍然无法存到一百万美元。

经过一段时间的思考与观察后，她发现在美国聘请油漆工的工钱十分昂贵，因此有很多人干脆自己动手粉刷墙壁却又苦于不懂得粉刷的技巧，粉刷出来的效果实在差强人意。对此，克里斯汀灵机一动，想到她可以教别人如何粉刷家中的墙壁，这一定是个很有潜力的市场。

后来，克里斯汀又考虑到，如果用一对一教学，或者是开班授课的方式，收入进账的速度还是不够快，不如像远距离函授课程一样，通过售卖自制的粉刷墙壁教学光盘来赚取利润。于是，克里斯汀请朋友帮她把粉刷墙壁的教学步骤录制成影片，并制作成教学光盘。

问题是，这些光盘要卖给谁？如何才能卖得出去呢？无论是自己去摆路边摊或是开网店，都不太有效率。最后，克里斯汀终于想到，既然是教学粉刷墙壁的光盘，那就应该要找卖油漆的店家来帮忙售卖。她一连找了好几家油漆的经销商，几经沟通后，终于有一家经销商抱着尝试的态度，愿意帮克里斯汀代销光盘。一个月后，克里斯汀终于卖出了几张光盘，有了进账。

但是，这离克里斯汀成为百万富翁的目标，仍旧有一段非常大的差距，所以她决定直接去找当地最大的油漆供货商谈合作。克里斯汀好不容易才预约到和负责该地区的油漆供货商商谈的时间，可是，她才刚走进供货商的办公室没多久，对方就一口回绝了她:“我对售卖粉刷墙壁的教学光盘没兴趣。”克里斯汀却好声好气地回答：“老板，我不是来卖教学光盘的，我是来帮你们卖出更多油漆的。”她这么一说，供货商产生了好奇心，才愿意继续与她谈下去。克里斯汀替油漆供货商想了一个促销策略，只要有客户一次购买足够多的油漆，就可以免费获赠一张粉刷墙壁的教学光盘。

克里斯汀最终成功地和油漆供货商签订了一份十万元的合作契约，由克里斯汀负责制作光盘，直接销售给油漆商作为促销赠品。后来，由于顾客的反应很好，所以她又录制了“如何粉刷外墙”“如何修剪草坪”等一系列的教学光盘，都大获好评。三年之后，克里斯汀终于顺利达成自己的目标——在三十岁前，成为百万富翁。

显然，克里斯汀用对了方法，获得了成功，通过思考和实践，她让自己一个看似不起眼的特长为人生加了分。

再强调一次，要想获得改善，重点在于你有没有找到对的方法，或者还可以引申到你有没有找到协力合作的对的伙伴，找到这两个问题的答案，即使你现在缺乏足够的资源，也可以通过同业合作或是异业结盟，让自己巧妙地借力使力，开拓出不同以往的老路。

选择正确的道路，努力才有价值。

每个人完成学业进入社会都希望自己能有所成就，但随着年龄渐长，才发现原来应付现实生活比想象中困难得多，日积月累的烦恼会逐渐把你拉入困顿的泥潭。时光渐渐流逝，你也许忽然惊觉，经过了五年，你的生活与五年前相比竟是原地踏步，更别谈人生理想的进展了。

有一位十分勤奋的年轻人，一直以来很希望能在自己的工作上有所成就，但他埋头苦干多年后，却似乎始终没有得到主管的重视，也未受到命运之神的眷顾，这让他很苦恼。后来，他听说在近郊的深山中，有一所寺庙的住持能解答人生的各种难题，于是他前往寺中向住持请教。

住持听完年轻人的疑惑后，什么也没说，只叫来三个正在砍柴的弟子，并嘱咐他们说:“你们带这位施主到山里，分别砍些柴回来。”于是，这位年轻人便跟着小师父们出发到山上砍柴。

这段等待的时间中，住持一直在庭院中打禅。没多久，住持就看到年轻人气喘吁吁地扛着两捆柴蹒跚而归，自己的两位弟子用扁担挑了六捆柴回来，最小的弟子则陆续从湖畔边搬回来八捆柴。对这样的结果，年轻人面露尴尬。

住持问年轻人：“施主，你对自己砍柴的结果不满意吗？”

年轻人回道：“我砍了六捆柴，但扛到半路就扛不动了，所以只好扔掉两捆。走没多久，四捆柴火的重量还是压得我喘不过气来，所以只好再扔掉两捆，因此最后只剩两捆。可是，我真的已经用尽全力了。师父， 请再给我一次机会。”

主持又问他的三个弟子都是什么情况。两位一同挑柴回来的弟子中的一位说：“刚开始，我们两个人各砍了两捆柴，将四捆柴挂在扁担上面，跟着这位施主走。由于我们两人一起挑柴，所以一路上并不觉得辛苦，最后还把施主丢弃的一部分柴火一并挑了回来。”

最后回来的小弟子则说：“我年纪小，还没长高，力气也不够大，别说两捆柴，就算是一捆，我也背不回来。所以我就把砍好的柴放在木筏上捆好，走水路回来。”

听完他们各自的表述后，住持告诉年轻人：“一个人想要走出自己的路是件好事，但在开始走之前，必须先想好要怎么走，有时候，正确的权衡选择，会比一开始就埋首努力更重要。”

或许改变不良习惯，开启全新人生确实很难，但只要你在执行前先想一想，衡量一下自己的实力，并思考用何种方法才能循序渐进地一步步走向目标，而不强求一蹴而就，不再执着于当下得失，就会发现命运其实一直掌握在自己手里！

Changing know-how 改变自己的小窍门 2/30

找到适合你的方法，就能走对路。

你是否曾经想过，为什么人人都知道要实践理想，却很少有人筑梦踏实？原因在于，有时候我们很容易试图把同一套方法套用在不同地方，更一心抱持着“只要我付出过，就不会白费功夫”如此孤注一掷的想法。事实上，在前往目标的路上，对的想法与做法缺一不可，尽早找到适合自己的耕耘模式，才能让努力变实力。

1. 从小受到是非题训练的我们，常常只想表现出自己“做对”的一面。虽然永远“做对”确实能让人生稳固，但却不见得能让你快乐，你一定要找出你最想要做的那件正能量的事，找出能让你感到由衷快乐的正确的方式。
2. 面对追寻目标过程中的困境，如果你找不到方向，与其如同无头苍蝇一般乱试乱冲，不如让自己养精蓄锐、静待时机。有时候，时间会给你的问题一个很好的答案。
3. 你可以问自己“为什么我会走错路？”通过自问矫正导错路的心理GPS，再问自己“我要怎么才能抵达目的地？”当你成功确认目标并找到路径后，自然就能获得满意的人生。

Section 3 寻求内在的改变，而不只是外在变得不同！

大家都认为日积月累的旧习难改，但其实即使有调整平日习惯的机会，很多人也会因为惯性思维而不能抓住。长此以往之下，坏习惯变形成各式各样的人生弊病，对此无力改变的我们又会给自己找借口说“我就是这样，只要不妨碍别人又何妨！”

然而，外在不良习惯内化久了，就会为我们带来更大危害。这就好比飞蛾扑火，如果黑暗中有一支点燃的蜡烛，昆虫就会一头热地不断飞向火焰，即使这火焰对昆虫来说是致命的，但这些昆虫还是无法克服趋光的习惯。所以，当你下次又出现“我知道这样做不好，但我就是忍不住这样做！”的念头时，你可以再想一想，自己为何会有“我就是非这样不可”的认知？如果一再顺着惯性而为，自己还能掌握人生吗？如果这样做对你的人生有害而无益，是不是可以寻求由内而外调整人生的可能呢？

开启人生的另一扇门。

一位年轻人对自己的生活不满意，却又始终找不出突破工作瓶颈的方法，压力没有出口，身心也开始抗议。他三天两头感到偏头痛或胸闷，到医院检查又没查出病因。后来，听从医生的建议，他决定寻求心理辅导的协助。

到了预定看诊的日子，年轻人来到心理诊所，出乎意料的是，他推开诊所大门后见到的不是前台接待人员，而是走道两侧的两扇门。左侧的门上写着“保守”，右侧的门上写着“积极”，于是年轻人直觉地走向了“保守”之门。通过这扇门后，又出现两个房间。左边房间的门上写着“保留旧习”，右边房间的门上则写着“冒险改变”。再一次，他直觉地打开了“保留旧习”的那扇房门。结果，房门打开后，出现在眼前的竟是他进入诊所前的那条街道。

也就是说，经过了一番选择的转折后，年轻人又回到了原地。而这时，年轻人也明白了心理咨询师设定这间诊疗室的目的，这是为了提醒求诊者，人生之所以举步维艰，并不是受到命运、环境或其他纷扰人事的捉弄，而是因为自己的心理惯性。

我们看似不经意的每一个行为，其实都是自身内在的投射，如果你真心希望寻求改变，就必须拿出冒险和尝试的勇气，只有这样你的人生才有可能因为打开另外一扇从未被开启过的门而截然不同。

观察外在，改变内在。有限人生，无限可能。

有个孩子十岁时，母亲不幸因病去世。他的父亲是个开长途汽车的司机，经常不在家，自然无法照顾他的日常生活。所以，从母亲过世后，这个孩子就自己学着洗衣、煮饭和照顾自己。然而，老天爷似乎对他特别不公平，当他长成少年时，父亲竟在工作中不幸因车祸丧生。失去双亲的少年，成了真正的孤儿。于是，当别的同学都在享受单纯的少年时光时，他不得不靠自己的力量努力打工，让自己生存下去。

少年日渐成长，逐渐累积工作实力，并省吃俭用积存了一笔积蓄。后来，他用自己大部分的存款租下了一家养殖场，自己做老板。可是，当他觉得人生趋于稳定，甚至正要开始向上攀升时，某次台风引发了突如其来的洪水，淹没了他的养殖场，他多年的辛苦付诸流水，又回到往日的一无所有。

望着废墟，少年忍不住向上天质问："你为什么对我这样不公？"

没想到，听见少年埋怨的上帝竟然现声回问："如果没有上苍的眷顾，历经灾变的你又如何能活到今天呢？"

上帝又让阳光照耀在前方一户农舍上，并告诉少年："你看，这个农舍的主人生前比你幸福多了，他衣食无缺，幸福无忧。不过，这次他和你一样，在那场洪水里失去了所有的财富。不同的是，他绝望地选择自杀，但你却坚强地活了下来。"

少年气愤地回答："我不会选择轻生，我经历过那么多不幸的事，我已经拥有铁一般的意志，现在早已没有任何事能击垮我了。总有一天，我一定能靠着自己的双手，拿回属于自己的幸福。"

无论一个人生来相貌和身材有多么迷人，有多么富足，又有多少荣耀加身，如果他一直依靠这些外在的有形的物质保护而无法让自己的心智跟随岁月成长，一旦被夺走了这层保护罩，他的人生就会开始走样、变形。而世界上最容易被自然摧毁的，正是这些有形的事物，真正坚强的，是一个人成熟的内心。

每个人都有遭逢逆境的时候，这时候，要做的是转变想法，改变做法。就如同当我们行经某地前方无路时，要懂得转弯，所谓“山不转路转，境不转心转”，看问题的角度变了，思维的方向也会随之改变，也就能感悟到世界的无限宽广。

如果将这个观念对应到人生层面上，若你想要改变积陋成习的人生，就不能只是从外在着手。

烟龄已达数十年的老烟枪，想要通过戒烟贴片、戒烟口香糖等取代品来压制烟瘾，就算能成功抗拒数月，依旧很容易故态复萌。因为如果没有找到“为什么想吸烟”的源头，缺乏真正决心戒断烟瘾的动机，不能从内在杜绝吸烟的想法，无论应用多少种辅助戒烟的工具都很难获得最后的成功。

一位烟龄超过二十年的业务员，当他得知某项科学研究指出抽烟会导致癌症之后，就决心用公开承诺的方式，帮助自己戒除烟瘾。他从下定决心的那刻起，就告诉身边的所有亲友：“我已经戒烟了！”为了不失面子，戒烟期间他压抑了千万次想要抽烟的冲动，每当想到，自己抽烟要是被亲友撞见就等于宣告自己信用破产时，他又硬撑了过去。一年半之后，他终于顺利摆脱了烟瘾。

所以，当你想力求改变或是正走在努力纠正坏习惯的路上时，不断强化内心是很重要的，你可以提醒自己：“我的人生就掌控在自己手中，我可以选择让人生继续搞砸或是变得更好！”

从无意识的惯性行为中抢回主导权，到底想过什么样的人生，本来就是你说了才算数！

Changing know-how 改变自己的小窍门 3/30

启动内心的信念，心转境就转。

有时候，改变难以持续，是由于我们很容易把简单的事情想得太复杂，当你内心中浮现我想要改变的想法时，同时也会涌现许多其他情绪。你可能会心想“我做得到吗？”或是“我以前也想过几次，可是最后总不了了之……”这时，与其把精神和时间耗费在这些拖垮自己的思绪上，不如告诉自己“既然这个习惯是我养成的，我当然也有能力将它删除！”由内而外地持续提供给自己走向更好人生的动力。

1. 首先你要意识到的是，需要改变的是“你”，而不是这个“习惯”或这件“事”，只有你认为自己必须改变，所有外在的行为才能真正发生效力。
2. 你必须学会对自己提出的改变承诺负起完全的责任。你做出要改变的承诺，就会为了提升自己对自己的信任逐步采取行动，这份为自己负责的心态，会让人生真正回到你的掌控中。
3. 生命的经历是内心的投射。先倾听自己的内在渴望，并确实拟下近期对人生的规划，然后把这份对自己的期许告诉你最尊重的三个人（或以上）。如果你不希望以后自己的想法都被别人当成梦呓，就别再姑息软弱的自己，马上动手改造人生！

Section 4 做出改变的着力点，可以是你对事情的好恶！

你是否有过这样的经验？当你被别人或时间压力逼迫着必须完成一件事时，即使你原本觉得做好这件事是自己的本分，却会因为感受到压力而在执行时心生排斥，因此出现一拖再拖、拖到最后才硬着头皮完成的情况。

美国学者曾在《神经科学》期刊中，发表了一篇有关压力与记忆的研究论文。文中指出压力荷尔蒙可能会促使大脑产生负面的记忆，使得负面记忆变得更加深刻。因此，当一个人经历亲人去世等悲剧事件时，负面记忆便很容易烙印在心里。由此我们可以得知，因压力而产生的负面记忆，因为很容易根植心中，所以当某些雷同的情境一出现时，我们就会不断扩大这些不愉快的记忆，继而直接影响到自己原本对事物的客观判断及处理方式。

因此，如果我们可以利用自己对一件事喜好或厌恶的感受调整自己的惯性，就会更容易改变原本看似难以克服的不良习惯或不佳现况。

用现实的“威胁感”取代恶习带来的“享受感”。

球王贝利是二十世纪最伟大的体育明星之一，他曾跟随巴西队打进足球世界杯决赛，并成为至今世界上唯一一位夺得三届足球世界杯冠军的球员。虽然贝利出身于曾经连一个足球也买不起的贫寒家庭，但他的家庭给予他的教育，赋予他对足球兴趣的热诚，却是让他走上人生巅峰不可或缺的关键。

也许你听过这样一个有关贝利的故事。某次，年少的贝利刚结束一场足球赛，他看见比自己年长的球员都在吸烟，于是他也不假思索地接过同伴手中的烟，抽了几口，想体验一下抽烟的快感。

回到家后，父亲闻到贝利身上的烟味，于是把他叫到跟前严肃地询问："你今天是不是抽烟了？"

贝利知道自己瞒不住父亲，只好回答："是的，我今天抽了烟。"

听到答案，贝利的父亲并没有大发雷霆，而是站起身，开始在房间内来回踱步。沉思过后，父亲对贝利说："孩子，你有踢足球的天分，也许将来能在球场上大放异彩，如果你因为抽烟而伤害了身体的健康，那么就白白浪费了你的天赋。"

接着，父亲又语重心长地说："虽然身为父亲的我，有责任也有义务教育你，但真正主导人生的是你自己。我只想问你，你是想继续抽烟，还是做一个有出息的足球运动员呢？孩子，你已经长大了，该懂得如何选择了。"

看着父亲殷切的眼神，贝利明白了父亲的用心良苦，于是他坚决地告诉父亲说："爸爸，我再也不抽烟了，我一定要成为有成就的运动员。"

贝利真的说到做到，再也不曾碰过一根烟，他还将大部分的时间投入于球技训练上，最终成为"让后卫们永远无法超越"的传奇球星。

原本，贝利也许认为抽烟与一般嗜好无异，也不会对自己产生多大的危害。但当父亲提醒他，一时的轻率会影响到自己这辈子最热爱的足球生涯时，他马上有所警醒，彻底摒弃这个带来“享受感”的不良习惯，而将注意力全部转移到足球训练上。

再举个例子，如果你习惯迟到，每次上班都会晚几分钟，你明知这样不好，但就是莫名地抗拒早起或是提早出门。而你之所以日复一日地放任自己，是因为你始终用“小小的迟到对一天的工作影响不大”作为说服自己的借口。

但实际上，很多人之所以经常性迟到，是因为觉得同事和老板对自己的迟到睁一只眼，闭一只眼，并没有多说什么，就是一种默许。事实上，上司和同事对迟到者的沉默并非默许，而是容忍，当容忍到了一定限度时，迟到者就会得到“缺乏时间观念”“责任感差”“作风懒散”“不可靠”等负面评价。

曾经有位职业经理人总是以：“抱歉，我很忙，刚刚被其他事情耽搁了……”作为和主管或同事会面迟到的开场白，当他这么说的时候，同事或主管总如此响应：“没关系，忙是应该的！”某次，这位经理人又在会议中迟到，这时，老板终于说出他心中的看法：“忙归忙，事情的多或少，决定于自己的取舍，忙不过来，代表的是你自己没有能力作取舍。”一语点醒了这位想用忙碌掩饰自己时间管理和工作能力有问题的经理人。

据研究，迟到会对一个人的健康产生明显影响。迟到带来的压力，可能造成头痛，肠道问题，睡眠障碍，焦虑，情绪波动，肌肉紧张，不良的饮食习惯，酒精、药品和香烟的高使用频率。

现在，你知道了迟到不是一个无关紧要的坏习惯，而是影响你职场道路和身体健康的无形杀手，你就不再会觉得迟到没什么大不了，继而也就能够付诸行动改正它。

所以，如果想改掉生活中的坏习惯，其实我们可以利用调整自己对某件事的好恶印象来达到目的，当我们深入了解这个坏习惯形成的原因和产生的恶果后，就能把它带给你的“舒适感”转为“威胁感”，自然也就能把那些影响你人生的恶习逐渐根除干净。

年龄不是问题，找到人生方向最重要。

你是不是偶尔也会产生如下的想法：

现在社会经济不景气，就算我想换工作，也未必能找到更好的，我还是继续抱着这份薪水好了。

我都快四十岁了，早已过了畅谈梦想的年纪。

明明我已经努力那么久了，老板还是没看到我的表现，现在已经高升的同事，一定都在背后嘲笑我的无能。

以上这些负面的想法，隐含着你对人生的无奈，并带着你对现况无能为力的无助感。这个时候，即使亲友用再多正能量的话语来鼓励你，都无法说服你转换心态，鼓起干劲。

美国纽约大学心理学系教授伊丽莎白·菲尔普斯曾在极具权威的《今日心理学》杂志中谈到：“我们有许多恐惧和焦虑都是在沟通中

产生的。如果有人告诉你‘狗很可怕’，那么当你看到狗时，大脑就会产生真正的恐惧反应。”也就是说，我们的大脑无法分辨真正的威胁和想象出来的威胁。你感叹“我都已经快要四十岁了，早已过了谈梦想的年纪”，其实“快四十岁的人，没资格轻言梦想”是你自己主观情绪的认定，能否实现梦想与年龄根本无关。比如，德国的约翰娜·玛克司夫人在七十岁高龄的时候，经过六年的刻苦攻读完成了大学学业，九年之后，她又完成了长达两百页的博士论文。

究竟该如何克服年龄带来的消极情绪，与其强迫自己扭转“谈理想，是年轻人的权利”的观念，不如找到自己人生中最不可或缺的东西，从而重新确认人生方向。

当你找到新的目标，开始踏出实践的第一步时，旧有的想法自然会烟消云散，因为你会发现，原来追求自己想要的人生，并没有想象中的那么可怕，并不一定要拿现有的安稳去交换。其实你需要的，只是在既定的行程中，多安排一点时间去实现梦想。

Changing know-how 改变自己的小窍门 4/30

顺应天性，唤醒自己就能改变人生。

俗语说“强扭的瓜不甜”，如果改变意味着勉强，你自然很容易就回到原来的惯性。所以，我们必须把你想要的改变与幸福快乐的人生连结，而把不改变的后果和失败的人生连结，才能做出顺应天性的改变。

我们强迫孩子吃他不喜欢的胡萝卜，就会更加深孩子对这个食物的负面印象，但如果试着把他不爱的胡萝卜与他最爱的玉米搅在一起，也许就能让他产生对胡萝卜的好感。同样的道理，当你必须要去完成一件自己很抗拒的事情时，试着加入一些让你想加速完成的诱因，完成之后，再给自己一点鼓励，在顺应天性的良性循环中，你克服困难的好习惯也就逐渐养成了。

有时候，你很讨厌公司中的某些规定，觉得那是拖垮业绩的元凶。但一直沉浸在这样的负面情绪中明显对你的工作发展没有帮助，这时，你不如更深入去了解公司订下这种制度或流程的原因，明白每件事都其来有自。释放了心中的负面情绪，你就能唤醒自己投入到有正面收获的工作中去。

Section 5 清理积累多年的问题，需要多一点时间和耐性！

当我们在追求目标的时候，总是会问自己“我要等到什么时候，才能看见成果？”

美国杰出的整形外科医生、心理学家马克斯韦尔·莫尔兹发现，他的病人因为脸部受到重大灾变而受伤，在重度的整形手术完成后，患者习惯新脸孔的时间约为21天。另外，有的因病被截肢的病人，在手术后仍可以感受到被截去的部分仍存在“幻肢”，这个现象大约也要在21天后才能渐渐消退。

美国的行为心理学家针对以上观察结论更进一步研究证实，一个人持续21天以上的重复行为，就会形成习惯，90天的重复行为，会形成稳定的习惯。同样的道理，任何一个想法，若在你脑中重复21天，或者重复验证21次，就会变成惯性想法，变成你深信不疑的信念。

当然，关于一个习惯的养成时间周期，还有其他的实验与结论，不过，无论最后的结论究竟是需要花费几天的时间来养成习惯，都不能将这个时间周期视为一种一劳永逸的保证。因为，也许你想要改变的坏习惯已经伴随了你十几年的时间，希望21天的重复修正就将它从生命中根除，无疑是不现实的。

时间是改变认知和习惯的催化剂。

从小，我们就被灌输了各种效率为行为准则的观念，“用最少的时间达成最大的绩效”就代表行动的成功。再看看大街小巷中，充斥着多少间补习班和冲刺班，就可以知道父母们望子成龙的期许有多迫切。其实，当很多人以如何快速取得成功和如何最快赚取大笔金钱为衡量一个人社会成就的标准时，却已经有“一万小时定律”这样的观点提出。

《纽约客》杂志撰稿人马尔科姆·格拉德威尔曾说过：“人们眼中的天才之所以卓越非凡，并非天资超人一等，而是他们付出了持续不断的努力。只要经过一万小时的锤炼，任何人都能从平凡变成超凡。”也就是说，你想要成为某个领域的专家，就需要投入一万小时的学习。我们来换算一下，如果你每天学习四个小时，一周学习五天，那么成为一个领域的专家至少需要十年。这就是所谓的一万小时定律，它与中国古云“十年磨一剑”的道理可谓异曲同工。

欧陆教育体系的学生，在大二开学前会写好自己的履历，但这份“初稿履历”并非用于求职，而是要让自己意识到“我的履历还缺什么”，从而可以规划在大学剩下的时间里要做什么。比如，可以用各式各样的“实验计划”“实习机会”“论文发表”来充实自己的履历，可以针对毕业前的研究所申请或毕业后想要进入的公司开始着手计划、实践。

我认识一位朋友，她在高中时从中国赴美读书，我刚认识她的时候，她已拿到纽约数家投资银行的录取资格，而且这些银行还不断打电话给她，提供比其他银行更优厚的待遇，只希望能吸引到她这样优秀的人才。在一般人眼中，她的人生堪称完美，英文地道，长得漂亮，人缘极好，朋友遍布世界各地，再加上财经、企管双主修，还是系上出名的全A女孩。

但是，她曾私下告诉我，刚到美国时，她英文不够好，于是从高一开始，她每天都用两倍的时间写作业，面对课业从来没有松懈过一天。我以为她在课业上的努力，一定可以让她求职一帆风顺。但是，从大二开始就每天练习面试，以为已做好万全准备的她，却只在毕业前拿到一个不甚理想的工作机会。

后来，她放弃了那个职位，决定延期毕业一年，并四处寻找更合适的实习机会，一切从头开始。半年内，她为了申请更喜欢的实习机会，寄出超过两千封的邮件，最后终于拿到一个很好的实习机会。在参与实习的过程中，她积极的表现超乎常人，实习结束前，她已在业界闯出名声，因此才有后来多间银行争相录取她的事迹。

一定不要忽视时间的累积，人生的胜利都是长期付诸努力的结果。一般人努力几个月后没有成果，就想着放弃，但最终出类拔萃的人却还是苦撑着坚定的意志往前走。

所以，在决定改变自我以前，要先问自己“我有多想改变？”而非“我多久才能成功？”然后，让时间成为催化你蜕变的助力。

一再省略过程，获得成功的快乐也会跟着消失。

美国好莱坞知名的喜剧演员亚当·山德勒主演的《命运好好玩》电影中，由山德勒所饰演的主角麦克·纽曼是一个备受老板器重的建筑师。纽曼一心想让妻子与两个孩子拥有更丰足的物质生活，于是不得不把生活重心放在工作上。为此，纽曼时常在家庭聚会中失约，更常因此和妻子吵得不可开交，生活质量也大受影响。某次，因为纽曼一时找不到电视遥控器，在焦虑的驱使下，他买回一支万能遥控器。没想到，这支遥控器果然很“万能”，万能到连人生的进程都可以控制，纽曼对着咆哮的狗按静音键，狗的吠声就突然消音，纽曼不想花费心力跟爸妈聚餐，就按下快进键，当他回过神来，饭局已经结束了。

然而，这个神奇的万能遥控器带来的并不是快乐，纽曼因为不断快进，错过了许多最精彩的人生片段，还好最后他发现这一切不过是一场梦而已。但正是这场梦让纽曼认识到，应该更珍惜身边的家人与生命中看似平凡的时刻。

其实，发生在我们人生中的每一件事，都有其意义，只是当下的你未能有所领悟而已。所以，在实践改变的过程中，不论时间长短，都会遇到许多值得你用心体悟的瓶颈或问题，与其逃避躲闪，不如把它们一网打尽。当我们把时间当成帮助自己克服问题、累积成长的助手时，时间也会如实地反馈给我们最好的回报——一个心智日益茁壮的你，一个面对人生挑战更无惧的你！

Changing know-how 改变自己的小窍门 5/30

给自己一点时间，养成新的习惯。

如果你想获得实际有效的改变，当然要有坚持不断的努力，但也不能太过急迫，要给自己一点时间，有规划有节奏地累积，让新的行为模式逐渐形成。在整个获得改变的过程中，给自己时间的方式有很多种，我们来介绍几个更轻松方便的方法。

1 不论你前进的目标是什么，如果可以让自己抱持着边欣赏风景边努力向前的想法持续推进，就更能在过程中收获丰盛。

2 你可以利用假日，选择一个向往已久的地方，为自己安排一趟心灵之旅，不仅能够开拓视野，还能疏解并转移自己在改变过程中的不适应感，重拾自己想要开启人生新页的初衷。

3 寻找一个人生目标相仿的名人，借由学习他的奋斗事迹，激励自己持续前进。这可以让你知道从平凡到不凡的人生过程，本来就是一个持续耕耘、持续收获的过程，更重要的是，在这条路上，你从来不孤单。

Chapter II

Changing step 1 改变步骤一

别再逃避现实，正视缺点才能根除问题！

Chapter II

Section 1 面对现实——所有的问题，都是自己的问题！

你现在的生存状态，取决于你一直以来的个人选择和生活态度，也就是取决与你独一无二的人生观。我们的思考方式一旦养成惯性，即使某些时候出现问题，你还是会让自己深信："这就是这个世界运作的真理。"如果你想要改变自己，就要先从突破这层思考惯性防火墙着手，重整自己的思考回路。你先要愿意承认自己有弱点，才能让影响人生的本质问题逐渐显露出来。

坦诚面对问题，看起来不过是很基本的道理，事实上，这却是改变自我最难突破的关卡之一，因为大部分的人都会为自己的缺失和错误找出无数理由。比如"我的个性还不错、异性朋友也很多，但因为我现在没房、没车，所以才一直娶不到老婆！"乍听之下仿佛有点道理，事实上，这不过是说话者不愿触碰自己内在的真正缺点，把所有问题归结到外因的借口。这就是突破自己内在防线的困难之处——你一直觉得问题不在自己身上。

也许，这些深藏在你内在的问题，一旦被挖掘出来，可能会伤及自尊，也可能会触及过往经历的伤痛，所以自我防卫机制会选择性地回避这些问题。但是如果你一直把这些问题深埋心中不去触碰，也就表示那些问题依然存在，从未得到解决。当这些问题成为人生瓶颈的元凶时，你又只是一味地努力克服外在因素的影响，而不从根源上下手，人生怎么可能反转？

顺利穿过思考的防火墙，找准问题的核心。

有这样一位作家，某次正值截稿之际，他却遇到肠枯思竭的窘境。无计可施之下，他居然开始挑剔起写作时常用的书桌和椅子，认为是因为桌椅的高度搭配得不合适，所以他才一直写不出好的作品。不过，等到他大费周章地换好成套又昂贵的桌椅，灵感依旧没有来敲门。

我们的人生之所以无法顺心遂意，通常问题的根源都在自己身上，就如同那位作家一样，自己写作有没有灵感，问题不在桌椅的高低，而是动笔写作的人是否专心一致，思路畅通。《哈利·波特》的作者罗琳未成名前，最常在嘈杂的咖啡馆中写作，她依旧能创作出畅销全球的《哈利·波特》。

如果一个人内心中存在着某种问题，即使换了环境，换了对象，只要他不愿意从内心改变，生活还是难有改善，若是让自己一直躲在自我安慰的情绪之中，长此以往只会让自己深陷在麻烦的泥淖中，更加无法自拔。所以，当你意识到自己的思维防火墙正在回避某些问题时，督促自己坦率地面对这些问题，就能真正踏出改变自我的第一步。

唯有正视自己内心尚未痊愈的伤口，清理出伤疤中积存的脓血，旧伤才能真正痊愈。美国田纳西银行的前总经理特里曾说："承认错误是一个人最大的力量泉源，因为能正视错误的人，才能得到错误以外的东西。”有统计显示，每个人在工作中出错的比例都大致相同，不同的是每个人选择面对错误的态度，回避错误的人，大多一无所成，而正视错误的人，往往能在工作中不断进步。

从日常行为中反省自己的缺失。

据说，美国开国元老之一的富兰克林有一个习惯，每天晚上他都会把这一天的生活重新反省一遍。某天夜里，他发现自己在这一天中犯了十三个很严重的错误，其中三项是浪费时间，为小事烦恼，和别人争论冲突。富兰克林认为，除非他能够减少这些类型的错误，否则就不可能做出什么成就。所以，他每个礼拜会选出一项缺点来修正，然后把当周修正坏习惯的情形做成记录。到了下个礼拜，他会再挑出一个坏习惯，在接下来的一周内与之战斗。

其实性格中的弱点也是在你成长历程中日渐累积出来的，为了让自己彻底觉察问题，我们可以学学富兰克林的方法，从日常的日记记录或反思记录中挖掘自己性格或行为上的缺失。

例如，前面曾提过有些人一直交不到女朋友的案例，这些人往往把找不到女朋友的原因归结为没车没房。但是，如果这些人能仔细反省自己的行为，是不是会发现，他也许存在“眼睛长在头顶上”或是“自己都不知道自己需要的是什么，也不知道别人需要的是什么”一类的问题。也就是说，他与异性交往时没有单纯地投入感情，而是带着一些自己预先设定的评价标准，总是认为对方没有达到他的预期。同时，他也没有真正理性地选择对象，因为他没有固定明确的标准，只是觉得对方永远与他的想象不一致。

从日常行为中，找到自己思考问题的错失之处，挖掘根源，调整思路，才能解决问题。

越是感觉做不到，越是要去做。

伟大的画家梵高曾经说过：“如果你听到自己心中有个声音在说‘你做不到’，你就必须想尽办法去做，那么这个声音就会自动消失。”心中否定自己的声音，就是来自于你内在的恐惧，它阻碍你面对挑战。如果你无畏这些恐惧的吓阻，只为自己寻找解决的方法，有一天，你将会发现，原本如此害怕的事，一旦开始实践，竟然没有想象中困难。

意识到自己在思维或行为上的不良习惯后，就是应该大破大立的时候了，如果一直这样拖下去，现阶段的问题不仅无法解决，甚至可能为未来的人生带来更大的困扰。如果希望人生更进阶，就不能容许自己抱着侥幸心理，必须随时提醒自己：“越是做不到，越是要去做！”当你开始了改变的第一步，潜移默化的种子也会在时间的累积中，长成一棵能为自己提供庇荫的良木。

Changing know-how 改变自己的小窍门 6/30

找到隐藏的弱点，正视问题本质。

出生在台湾屏东的农村，经过努力奋斗拿下第一届世界面包大师个人冠军的吴宝春师傅曾说："遇到盲点，你去挑战、去克服，会收获很多。"不过，每个人认知上的盲点，往往也就是他自己浑然不觉的弱点。那么，我们就要学会从日常生活中挖掘出这些在不知不觉中影响你人生的问题。

1. 若想要找出自己内在需要调整的部分，不需要用苛刻的态度来逼自己马上察觉或校正，相反地，你可以试着告诉自己："因为我过往的努力，所以现在的我其实已经很不错了，若是能挖掘出自己的坏习惯再调整一下，我就会变得更杰出。"
2. 要做到诚实地面对自己，你可以在心中放一面镜子，每天检视自己的不足之处，并加以记录。试着找出一个你觉得最严重的问题，给自己一个月的时间去修正，并记录自己因改变而得到的受益之处。
3. 尝试用换位思考的方法为自己找出较客观的看法，避免落于主观意识的圈套中看不到造成人生问题的真相。

Section 2 承认自己的想法有主观倾向，让思考拐出牛角尖。

当今日本晚婚和独身的人士越来越多，以前过了四十岁还没有结婚的日本人会遭人侧目，现在则再平常不过了。同时，日本人也开始选择少生或不生孩子，于是女性也就不只在家相夫教子，而可以和男人们一起在职场上打拼了。现今日本社会这种两性角色的变化，成为了一个新时代日本人必须面对和思考的课题。

由日本知名男演员阿部宽担纲主演的日剧《熟男不结婚》的主人公桑野信介是一位不擅与人交际、生活呆板的独身主义建筑师，他一直声称自己“不是结不了婚，而是不想结婚”。其实桑野信介始终未婚的真正原因，是他对生活诸事皆要求完美而总是无法与人妥协，无论面对客户、家人或是朋友他都一律坚持自己的人生理念和孤傲态度。后来，桑野信介分别与三位性格迥异的女性结识交往，过程中他渐渐从本质上改变了想法，终于顺利找到了生命中的另一半。

我们都认为固执、盲目坚持而不知变通的人很难相处，甚至默默在心中将这类人列为拒绝往来户，但不可否认的是，其实我们每个人或多或少都对某些事有固执和盲目坚持的时候，甚至是在不自知的情况下。

若是我们能够认识到其实自己也有因主观而影响判断的时候，一旦有自己与别人意见相左的情况发生，就能想到大家只是站在不同的角度看问题，就能抱有与对方协力解决问题的态度，也自然可以顺利处理事情。而且，当你有意识地避开主观的固执，就能让自己从主观意识中解套，成为一个有所坚持但不固执的人。

保持思考的弹性，生命就不会千篇一律。

在日常生活中，我们往往习惯于用过去的生活经验和大众的观念作为自己判断事情的依据。例如，当一般舆论认为双语幼儿园的教学效果特别突出时，原本只想将孩子就近送进一般幼儿园的父母就会陷入两难的局面，一方面担心孩子会不会就这样输在人生的起跑线上，另一方面又纠结于双语幼儿园的昂贵收费。其实在学龄前，孩子学不学外语并不会成为他日后发展成功与否的决定性因素，但在“大家都这么做”的时候，我们就容易陷入一种从众心理，觉得只有也这样做才正确，而不是真正客观分析自己和孩子的需要。

这种思维的习惯，可能充斥着与实际需求相悖的谬误，也会成为一个人缺乏独立思考，无法顺利开创属于自己未来的障碍。所以，无论我们是基于个人生活经验，还是以普遍社会价值作为思考的基础，都要提醒自己保持思考的弹性，不要让自己落入任何一个思考的死角里。

提起石油发展史上的著名人物，也许大家脑海里最先闪现的是著名的“石油大王”约翰·洛克菲勒，但对埃德温·德雷克可能所知甚少，其实，他是世界石油工业的先驱，是石油钻探技术的开创者。

在德雷克之前，探勘业者一致认为石油是从邻近煤矿滴下来的，因此要靠挖沟渠才可以将之引流到木桶里。德雷克却从纽约的锡拉丘兹盐井开采中得到启发，大胆地假设石油的产出决不仅止于此，而得到石油的办法就是开钻油井。为了证明自己的假设，德雷克买了一台蒸汽机作为动力，还自己设计并建造了机房和井架，安上钻井机器后，只雇佣了几个工人，就开始钻井。不过，当时钻井的进度很慢，很快地，钻井的费用就超过了总公司规定的成本上限。公司高层为了避免持续亏损，指示德雷克就此罢手，关井结账。但不愿囿于过往经验的德雷克，又自行从银行贷款，继续进行钻井作业。终于，在1859年8月27日，工人来上班时，发现井里的原油已经溢到离地只有两米的位置了。听到这个消息的德雷克十分兴奋，就在井口上安置蒸汽动力泵开始抽油，原油的日产量由此激增为三十桶。后来，德雷克井抽出石油的消息不胫而走，炼油商们蜂拥而至，短短几年里，在泰特斯维尔及其附近地区，就涌现出一万六千多家石油公司。因此，1859年8月27日也就成为了近代石油工业的诞生日。

与这个石油工业发展的例子一样，如果如一般人所认知那样，过往经验与社会主流价值就是一切，那么我们不仅会错过石油，火车、飞机、计算机等扭转人类历史的重大发明也许都会被推迟。因此，我们每个人在思考问题时，除了心中的定见之外，都要广纳良言，集思广益。而且，当你展露出活跃的思想与包容的态度时，自然会吸引更多带有同等特质的有志之士。若是你常常认为自己的想法才是最好的，既定规则才是标准答案，有想法的人也会离你而去。

心的容量变大了，执着的程度就变小了。

在一座深山的佛寺里有一对师徒，师父每天带着徒弟念经修行，不曾懈怠。在深山中的修行生活当然难免诸多不便，这位小徒弟只要遇到一点不如意的小事，就可以碎碎念一整天，师父却从未出言告诫。

有一日，当徒弟又开始抱怨，师父并无正面响应，只是对他说："请你到厨房里抓一把盐来。"

待徒弟取来盐后，师父已准备好一杯温水，并示意小徒弟将那把盐放入温水中，然后喝下去。

接着，师父问徒弟说："你觉得味道如何？"

只见徒弟皱着眉说："师父，这杯水真是太咸了！"

师父笑了笑并点点头，并请徒弟再去抓一把盐，然后领着徒弟走到湖边，示意徒弟把盐撒进湖里。

这时，师父又对徒弟说："你尝尝看湖水的味道如何？"

徒弟用双手掬起湖水，喝了一小口后回答："师父，湖水很甘甜。"

师父又点点头，并拍拍小徒弟的肩膀说："其实人生的烦恼就如同这把盐一样，可以很咸，也可以很淡，这些烦恼到底会带给我们多大的伤害或影响，就取决于我们拥有多宽广的胸襟。"

其实，当我们纠结于某件事情时，就如同拿一捆纱布不断地将自己的双眼、手脚、身心捆绑起来，无疑是将自己推往更绝望的境地。若长期陷入这种思维循环里，情绪垃圾会让你越来越难以负载，当一有出口时，所有的情绪就会宣泄而出，扭曲了自己的作为，又伤害了身边的人。

因此，当你不自觉地陷入钻牛角尖的情绪之中，你可以试着告诉自己："是我自己让自己陷在了苦涩的情绪里。"你要提醒自己，生活没有超量的烦恼，而是自己内心的容量还不够宽广，所以痛苦才显得难以消化。如果你看待事情的视角变得宽广了，就不会再让自己的心朝着人生的窄巷走。

当你下次又遇上钻牛角尖的情况，请先认真倾听自己心中的情绪，好好地让自己冷静一会儿，等到乌云飘散时，再考虑看看，除了自己的看法之外，是否还有别种更有助于改善现况的见解。

Changing know-how 改变自己的小窍门 7/30

走出牛角尖，学会疏导情绪。

有时，当你陷入钻牛角尖的想法时，容易因为自觉无法得到他人的理解而恼羞成怒，在不理性的情绪之下，你就更难跳脱原有的想法。所以，在你感觉自己不被了解时，当务之急就是先让自己离开一下这个时空，疏导自己的情绪。

1. 检视自己的想法是否受到情绪蒙蔽的第一步，就是试着从不同的角度检视自己的论断，再来裁决。你可以问自己："如果换成别人，是否会有不同的立场或观点？实情是否真像我想的那样，还是只是我反应过度？"
2. 同一件事情对不同的人代表着不同的意义，若想明白为何自己容易对某些问题反应过度，试着问自己："为什么这事对我重要到一点也不能退让？我的反应是出自何种心态？"
3. 心理学家研究发现，自言自语可以有效发泄一个人心中的不满、愤怒及悲伤等负面情绪。因此，当你感觉内心的忧虑超过负荷时，不妨说给自己听，从和自我的对话中，对自己提出一些问题，让自己更清楚内心的想法。

Section 3 想脱离“忙盲茫”，就要知道自己为何而忙。

曾有杂志针对86位来自各行各业、平均工作经验七年的上班族进行问卷调查，该问卷的提问内容为：“若给您机会重新回到刚进入职场的时期，您会如何修正自己的人生？为什么？”

每个人的看法不同，有人觉得当时应该要勇敢追求理想，有人希望可以在学生时期多培养自己的能力，也有人后悔当初没有报考公务员。无论具体情况是什么，从调查的结果来看，大部分的人还是觉得如果可以早一点调整好方向，人生应该会变得更理想。

就像俗语所言的“当局者迷”，在生命的当下，很多人都既不清楚自己现在想要什么，也不清楚以后想要成为什么样的人，这就是他们为何会在工作多年后，希望回到过去，修正自己的人生。

有时候，我们会以为知道自己想要什么，实际上却不太知道自己在做什么，这就是为何随着时间过去，我们每天忙得筋疲力尽，却不见得能够实现人生目标。

能具体描述的未来，才是你真正想要的人生！

如果现在请你马上回答“我现在想要什么？”你会写下什么样的答案呢？

我有个朋友是位医护人员，最近心生离职的念头，却因为诸多考虑而迟迟无法决断，于是我们讨论这个“要离不离”的话题好一阵子了。

为了确认她的人生志向，我问她说：“你想过自己真正想要的是什么吗？”

她语带疲惫地回答：“我想过朝九晚五的生活，只求不要再常常日夜颠倒就好。”

了解她目前最迫切的需求后，我就顺着她的答案再探问：“如果有一份工作，每天朝九晚五，你只要在办公室里整理公司文件，收发快递，接听电话，不必负担管理的责任，但一个月工资只有现在的一半，这样你可以接受吗？”

听到这里，她皱了皱眉头说：“不行，现在的工资水平才能符合我现在的生活质量和开销，而且每天都必须关在办公室里就太闷了！”

于是，我又想到了一个职业：“那你有没有考虑过当空姐呢？”

听完我的答复，她立刻眉飞色舞地说：“有啊！我有些同届的同学，刚毕业没多久就选择投身航空业。若是可以顺利成为空姐，每周都能飞到不同的国家长见识，我很向往这样的日子。”

但前思后想一番后，我疑惑地问她：“可是空姐的工作不也常日夜颠倒吗？而且飞长途航线还要不断调整时差，也不能排斥红眼航班。这样你真的能接受吗？”

经我提醒后，她略带失望地说：“如果可以不飞夜航，也许空姐的工作很适合我。”

经过这一番对话，我了解了她的问题关键："或许你可能只是一时的职业倦怠，如果你觉得现在真的有明确想要追求的目标，要先思考一下，这个工作的现实条件是否是你所能接受的，这样才能确定什么是你现在真正想要的，然后再来思考离职或换工作的问题。"

在我过去咨询过的求职或想要换工作的客户中，当我问他们"你现在最想要的是什么？"大多会得到"我想要过快乐的人生""我想有一个收入稳定的工作"等很抽象的答案。

模糊的答案，往往容易让自己产生误会，以为自己想要的人生很简单，但是，接下来困扰又来了，为何自己已经努力了这么久，却还达不到这个简单的目标。

事实上，随着年龄和工作经验的增长，你的心里感受会有所不同，你对人生目标的想法也会一再调整，你周边的环境和人际关系也会改变。要提醒自己的是，思考一件事情，从长期的视角来看，永远会比只做眼前一时的判断更合理。就如同你自己也会随着时间改变一样，一份工作的情况也可能会在未来发生转变，所以你应该就这份工作不变的本质去思考它是否适合你。

如果从长远来看，现在的工作在未来会让你离人生目标越来越远，那么，也要先就现实状况考虑后，再去做可能的转换。如果这份工作未来是有转变迹象的，那么你不必急于一时改变现状。

唯有强迫自己具体描绘出对未来人生的想象，你才会开始深思这些理想的实际内容是什么，是否真的符合你的需求。当对自己的未来有清楚的想法之后，你才能脱离原本定义模糊的人生，找到符合现阶段的真正需求。

有舍有得，才能聚焦人生所需。

我们每天所看到的新闻内容，都是经过主编的筛选与编辑后才播出的。在一个小时之内，最多只能报道三、四十则新闻，但是每天都会有远超这个数量的新闻送到编辑台，所以主编必须决定删除或保留哪些新闻。

其实，人生也是如此。如果你想做的事情远多于生活合理的容许度，而你又无法下定主意要做什么时，就容易产生选择混乱的困扰，若你心存侥幸，抱持着不如每个都试试看的心态，人生就会失去重心。

还记得在大学时代，我有个朋友绰号是蚂蚁，因为他每天总是背着沉重的背包，里面装满了各式各样的书籍，忙碌地赶上课，课后又去上考研辅导、托福、外语和计算机课程。

有天下课后，在我们一起走去搭公交车的路上，看起来很疲惫的蚂蚁忽然对我说："其实我根本不知道自己在学什么，也不清楚从课堂中学到的知识将来是否真的有用。我每天好像过得很忙碌，但却不知道自己在忙什么。"

这时，我禁不住好奇地问他："那有没有哪件事是你最想做的？"

他看着我，无奈地回答："也许就是想做的事太多了，反而不知道怎么取舍。我想考研，又想要多考几个职业资格，同时觉得准备出国读书也是不错的选项。”

其实，在人生的路上，我们何尝不曾有过与蚂蚁一样的情况，想要抽身去旅游，却又无法停下工作的脚步，所以休大假的目标只能被无限期地延迟；从网上买了一堆很想看的书，书到货后却被闲置一旁，下班到家后首先打开的还是手机。

人生四处都存在着无数的选择和机会，但忙碌的生活却未必能与充实的人生画上等号，只有专注在自己真正想要的部分，才能在众多的取舍之中，找到符合自己需求的选项。

台湾五月天乐团的主唱阿信，曾在自己的旅游书《浪漫的逃亡》中谈道：“人如果能找到自己真正喜欢做的事情，本身就是一种幸福。”即使你可以在很多事情上都有所发挥，却难以事事都做到无可替代的程度，到头来做每件事都是浮皮潦草，无法触及更深的层次。只有当你找到一件自己真正喜欢做的事时，才能发挥聚焦的力量，逃开每天被事情拖着走的“忙盲茫”惯性，从而真正有所收获。

Changing know-how 改变自己的小窍门 8/30

最好的选择和最佳的执行。

一定要找出自己真正想要做的事情，确立正确的努力目标，避免忙碌半天才发现自己对正在做的事情没有一点兴趣或是原来这件事情对自己毫无意义。如果同时有好几件事情想要做，就要找到最合理的安排和最佳的执行方案。

1 有时，整理出自己不想做的事，比凭空想出自己最想做的事更容易，当你整理完自己的想法时，理想的轮廓也会渐渐浮现。

2 当你找出自己想做的诸多事情后，还要知道你有多少执行的时间。把你一天的24小时当成你的时间存款，先扣掉无可避免的固定支出，包括睡眠6小时、上下班交通1小时、工作9小时……看看你还有多少时间盈余可以用来分配。

3 在剩下的时间里，按照你想做的事情的重要性排出时间表，通过量化的时间数字来进行时间安排，这比你空泛地告诉自己每天都要做这件事却没实际安排更有助于执行。

Section 4 身到心不到，自然做不到！

改变习惯的过程中，你可能会心生抗拒，因为你的习惯早已根深蒂固，所以想一下子破除旧习，确实有难度。

要改掉不良习惯，首先必须要下定决心，一旦你决心要改，就会为自己创造改善的空间，这就是新机。生命有了新机，生活当然会充满新希望，就犹如一棵树绽放新芽，让人感受到焕然一新的生命力。

决心要改，就会创造改善的空间。

现代社会的生活，总是会令人因为各种压力而忙忙碌碌，在工作和休闲方面难以取得平衡。

那么，该如何调整自己的生活节奏呢？

仔细探讨“忙”这个字，原来就是“将心丢失”的意思。所以如果我们可以做到身忙但心不乱，积极而不着急，就能确保自己朝着正确的方向前进。

有个看门房的老者，他每天要接待许多人，还要负责管理花木，收发报纸信件，大家都说他太辛苦了。但他却说，他是身体忙心里不忙，身体累心不累。

老者进一步解释道：“一般人是身上越累，心里越烦，当他感到心力交瘁时，这个人就垮了。我不让心为形役，我自己做主。比方说，我在分发报纸的时候就想，我这是在服务他人；我在培育花木时就想，这叫借花献佛。再比方，我在累的时候，就哼唱一段自己喜欢的好歌。”

同样的，如果要想改掉身上的不良习惯，就要下定决心，但是，要努力却不要妄求，不要急切，而是用平静的心态为自己创造改善的空间，自然而然地调整校正。

信念有多强，成功改变的机会就有多大。

按照行为科学的结论，人的行为95%以上都是按照习惯行事，因此信念的力量之所以巨大，是因为在关键时刻，人的行为会按照大脑潜意识中的惯性思维来决定自己要做或不做些什么。所以，你想要做出什么样的人生成绩，关键也取决于你的信念。

所谓“信”就是人言，意味着人说的话；所谓“念”就代表今天的心，两个字合起来就是“今天我在心里对自己说的话”。

若一个人在心里老是不停地埋怨自己，告诉自己“我不行”，很难想象，他会在今后的人生中做出优异的成绩。相反地，若一个人在心底深处总是不停地鼓励自己“我一定能做得到”，那他在人生中获得成功的机会就会增大。

美国媒体大亨默多克在受访时曾说道：“不要以为我能在这里五十年，是因为我们这家公司很棒，从没犯什么大错。你如何质问自己？你会看着镜子里的自我反省吗？当你看到事情不对劲时，是否会试着改正？如果没办法改正，你得告诉自己，我一开始这么做就是错的，然后认赔杀出。我知道什么时候该认赔杀出。”所以改与不改，完全出于自己内心的选择，而这选择就决定了你是否会遭遇一连串的失败或是获得一连串的人生成就。

当你有心改掉沿袭已久的陋习，你不仅可以告诉自己“我做得到”，更可以告诉自己“这样的人生会更好”，以此不断加强内在的信心，那么你会发现，你的人生中已没有任何真正的敌人，因为你已战胜了自己！

Changing know-how 改变自己的小窍门 9/30

理想的生活，来自你对自己的信心。

有什么样的信念，就会有什么样的人生，信念是一种“软件”，必须经由后天获得，不过，好在我们有权选择安装什么软件。既然如此，当你确立自己的信念后，就要坚信自己的人生信念，坚持不懈地追求自己的人生价值，不断拓展自己的人生空间，升华自己生命的境界。

1. 当你的人生目标太多时，整个人就会深陷疲惫之中。如果预先定位清楚，你就会知道目前的任务到底是所为何来，了解什么对你是重要的，什么是你不必穷操心的，才能真正做到“身忙心不忙”。
2. 当你确定了自己最想完成的目标，在努力前进的时候，要振奋地告诉自己“我做得到！”因为外界充满各式各样的声音，与其等别人认同你，不如优先相信自己，支持自己。
3. 为了加强自己使命必达的信念，在达成目标的过程中，要不断给予自己阶段性的肯定，当你将完成目标与实质奖励加强连结后，面对每一步的任务，你都会更坚定自己迈步向前的勇气。

Section 5 害怕失败，才是导致人生失败的主因。

当我们用相机拍照时，如果镜头尚未完成对焦，拍出来的照片就会模糊不清。其实，人生的选择何尝不是如此，如果你一直没有让心神聚焦在自己想要追求的目标上，那么你所得到的人生影像，也会含糊不清。如果你迟迟无法树立自己的人生目标，或老是提不起劲儿去执行改正不良习惯的任务，也许是你潜意识中害怕失败的心理在作怪。

约翰·威廉·阿特金森是一位美国心理学家，是对人类动机、成就和行为进行科学研究的先驱。他曾提出，一个人除了有追求成功的成就动机之外，还有企图回避失败的动机。当我们在选择工作或确立自己的志向时，追求成功的动机会在内心产生作用，回避失败的动机也会同时开始启动。如果生活中一再出现你高估或是低估自己能力的情况，就代表你的回避失败动机无形中已经影响到你追求成功的渴望了。

心理学家曾设计过一个测试成就动机大小的实验。假设只有你一个人在屋子里独处，并示意让你玩套圈圈的游戏，但你可以自由决定丢掷的起点，那么你会选择下面哪个位置呢？距离目标很近的位置（希望百发百中），还是选择距离目标很遥远的位置（根本很难顺利套到目标），或是你会选择距离目标适中的位置（大约有一半套中的几率）。

如果你的答案是选择距离目标过近或过远的位置，就表示你是一个失败动机较高的人。因为你之所以选择一处绝对不会失败的起点，是因为不想接受失败带来的负面情绪；而选择距离目标很远的人，则是因为目标实在太远了，所以你就不会因为没套中而被人看轻。实际上，这两种极端的选择，都导向同一个原因——太害怕失败而患得患失。

如果你的答案是距离目标适中的位置，则代表你是一个成就动机较高的人。因为对你而言，不论套中或没套中，都不是为了获得他人的认可，而是给自己尝试挑战、开发潜能的机会。具有这样特质的人，通常不会因为一时的人云亦云偏离人生目标，因为他们非常明确地知道自己想要的是什么，所以不论过程中会经历什么，对他而言都是一种成长的收获。这样的人一旦订立目标想要改掉不良习惯，最终能顺利达成的机会就比较高，因为他所做的一切，都是为了促进自我成长，既然是发自内心，自然能改变人生。

没有失败，也没有动力。

美国人乔·吉拉德被誉为世界上最伟大的销售员，他所保持的汽车销售记录——连续12年平均每天销售6辆车——至今无人能破。退休后，乔·吉拉德将自己多年所累积的客户资料，全都交给儿子，并且毫无保留地传授给儿子他所有的销售细节和技巧。当所有人都在引颈期待更杰出的汽车销售员“乔·吉拉德二世”出现时，结果却让人大失所望。

后来，乔·吉拉德后悔地说：“我不应该把客户的名单都交给他，这样反而是害了他。对于拉业务，我的心中有一把燃烧的熊熊烈火，但是他却没有。”其实，正是因为“乔·吉拉德二世”从未缺乏过客源，他从不必担心失败，所以自然无法燃起他勇敢向前的动力。

人生十战，五胜四败一和最好。

长久以来，很多人心中存在着一种毫无理论根据的结论——失败者是因为能力不足或头脑不好。事实则正好相反，有些人之所以会失败，就是因为他太过自信，太过聪明，以为只有自己想到了别人都想不到的点子。对这一类人而言，失败其实才是他们成长的催化剂。

成功打造人气少女组合AKB48的日本知名制作人秋元康先生曾说过：“十战，五胜四败一和最好。”当他回忆起自己的经历，年轻的时候的确想以全战全胜为目标，但是随着年龄的增长，他体会到了“人不失败，就学不会”的道理。从更本质的意义来说，失败并不是失败，而是走向成功的过程之一。

我们平常做事的时候不也是一样吗？说到某某有工作能力时，通常指的都是那些能应付任何状况、做出正确判断的人，但要做到这一点，就必须一再失败，从失败中学习，才能获得经验的积累。

所以，千万不要用“我绝对不能失败”这种想法来绑缚人生，取而代之的，应该用“一点小胜就是赢”的乐观态度去工作，这样才有可能获得巨大的成功。只要你面对同样的工作，时刻反省有什么地方值得改进，有什么方法值得尝试，便是掌握了成功者用脑的方法。

加拿大的职业冰球明星韦恩·格雷茨基曾说：“不曾尝试的射门，是百分之百不会进的。”一定不要将力气花在如何压制恐惧的心理上，而要把精神放在如何拟定行动方针上，就算真的跌倒了又如何，至少你又多积累了一种人生经验。

Changing know-how 改变自己的小窍门 10/30

克服恐惧的习惯，鼓起超越的勇气。

小时候我们充满对这个世界的好奇，对很多事情都跃跃欲试，即使害怕，但还是拥有一颗想要冒险的心。但长大后，我们总是怕东怕西，什么都不敢尝试，好像自己犯了一个错，就有如滔天大罪。其实，失败并不可怕，真正可怕的是害怕失败的习惯制约了人生发展。以下有三种方式，希望可以给予你超越失败的力量。

1. 失败是自己的主观感受，用心去感受、认识、理解它，这个世界上，其实没有绝对的对和错。
2. 活在当下，不要被已发生的过去定义，也不要被未发生的未来左右。我们应该正视事实，汲取经验，而不是停留在失败感之中，未来理所当然充满了未知性，所以没必要为了还没发生的事情烦心。
3. 试着定期建立自己的失败履历表，定期列下自己心中认定的失败事件，并且了解为什么你会有此感觉。除了可以更了解自己用什么标准定义成功与失败，也可以让自己学会积极把握当下，迎向更美好的未来。

Chapter III

Changing step 2 改变步骤二

改变自己对事物的感受，立刻告别恶习的纠缠！

Chapter III

Section 1 重建自己的喜恶连结，认定改变能为自己带来快乐。

对于改变，我们往往存在矛盾的心理，一方面，我们渴望人生可以变得不同，但另一方面，我们又害怕付出偌大的努力后，还是未能得到应有的回报，于是我们会一直衡量，做这样的改变究竟值不值得。例如，小美因为对美食难以抗拒，所以体重呈现直线上升的趋势，即使她想要禁止自己对美食没有抵抗力的行为，却又担忧这样做是否会剥夺了自己的人生乐趣，于是，她就在这种既期望改变又害怕失望的矛盾情绪中徘徊焦虑。要怎么做才能消除这样纠结的情绪呢？

只有当人生中的不良习惯让你产生切身之痛时，才会促使你为此痛定思痛不得不变。延续上例，如果有一天，小美发现自己因为纵情美食，身体机能大不如前，到医院做身体检查后，才发现自己的体脂肪指数竟然已经达到可能罹患心血管疾病的程度了！这时，小美为了身体健康，就不得不正视自己对美食不忌口的问题，从而激发她做出改变。

认定改变等于快乐，唤醒心中的潜能。

享誉全球的潜能开发大师安东尼·罗宾曾针对唤醒人们心中的巨人，进而克服那些令人生举步不前的习惯，提出一种重整人生秩序的神经链调整术。这个方法是帮助那些欲调整自己却始终不得要领的人，将维持习惯与痛苦感受做印象连结，同时也将改变过程和快乐感受相连，运用快乐与痛苦的杠杆，来加强人们做出改变的动力。

后来，某个女孩参加安东尼·罗宾的座谈会时，就和他分享了自己利用上述思路所创造的“狗食减肥法”。这个女孩总和一个朋友相约一起减肥，但她俩却一而再、再而三地“食言而肥”。最后，为了贯彻减肥的意志力，她们为彼此设下了一个不可违逆的减肥铁则——如果谁吃了超出规定热量的食物，就必须吃下一整罐狗粮罐头。为了强化这个铁则的制约力，她们不仅互相对彼此发誓，并告诉身边的所有朋友有关这个减肥的约定。

后来，她们两人都会随身携带一个空的狗粮罐头，以随时提醒自己立下的誓言。女孩更进一步和学员分享道：“每当我看到快餐店，忍不住想要进去大快朵颐时，想到自己违逆誓言后，就必须吞下用碎马肉做的狗食，原本的食欲就立刻消失殆尽。”果然，为了想办法不吃狗粮罐头，女孩们终于顺利地达成减肥目标。

如果你想要改变自己，可以试着把改变后的状态与充满成就感连结在一起，而把僵化的现况和痛苦磨难、失望人生等感受结合，就会发现自己的内心对改变其实充满了渴望。然后，一旦你完成一个短程目标后，就为自己鼓掌，给自己奖励，让自己在调整的过程中，充满了持续的喜悦与肯定，下一次你走向目标的脚步就会更坚定。

问自己“为什么我不改变？”

布吉纳法索是一个非洲小国，那里的生存环境艰苦、医疗条件也很差。一个来自中国台湾的青年连加恩却把这里作为了人生的起点，也许外人难以理解，但他却始终甘之如饴。连加恩在这里发起了一连串改善当地环境的活动，例如三袋垃圾换旧衣、帮村民凿井……

他的这条路其实一直走得相当艰难，各种困难和压力始终相伴左右，陪伴在旁的妻子说："别人会觉得他可以不必做那么多。"

但对连加恩来说，生命就像热力学第二定律所揭橥的定理——所有物质的能量最终都会往不规则、发散性的方向衰变。如果从这个角度来看待生命，人生最终都会走向衰败，那么我们应该会愈来愈不快乐，梦想也终会消磨殆尽。不过，如果你的生命无法圆满，不怪自己，难道要责怪热力学第二定律吗？

对于人生的意义，连加恩进一步解释道："我相信永恒的存在，人不过是过客，但这不代表我们可以随便活，反而要活出一个目的。"

如果生命能量终究都会消散，那么在这段期间内，你所能回馈生命的就是"为什么不让自己的人生变得更好？"

当你问别人："你曾经有无法达成某件事的经验吗？"多数人都会回答有，但是如果你继续追问："为什么你不用尽全力完成呢？"通常会得到千篇一律的答案——没有钱、没有能力、没有时间……这些回答的共通点，都指向资源不足，可是，如果你有足够的决心，最后总会找到克服的方法。

因此，你在保持现况和力求突破之间挣扎时，要先把"为什么我要改变？"的想法换成"为什么我不改变？"如果改变过后的人生，能够让你过得更快乐，为何不给自己一个机会呢？

Changing know-how 改变自己的小窍门 11/30

如果知道不改变意谓着失去，你会马上付诸行动！

大多数的时候，你觉得自己无法变得更卓越，是由于你尚未找到改变自己的强烈动机。一旦动机不一样，你表现出的力量也会不同，最后的结果自然有天壤之别。通过重整自己对事物好恶的连结，让自己找到非改不可的理由，那么你自然会想尽办法摆脱旧有的习惯和思考模式。

1 当你想要戒烟，却一直无法成功时，你可以告诉自己："我再继续抽下去，也许在孩子结婚之前就因肺癌去世，那么我就无法看到儿女成家立业了！"把不改变就意味着可能失去重要的人或事的念头放进心里，就能强化改变自己的动机。

2 当你想要改变自己，却在过程中故态复萌时，不需要对自己失望，这也许只是你尚未意识到问题的急迫性。试着用正面的情绪鼓励自己，积极自我肯定，让自己重新定向，不再迷失。

3 每个动机都是改变人生的关键。所以当你感到迷惑时，检核一下自己的动机，回到最单纯的自己，并将愿望转化为提升自己付诸实行的动力。

Chapter III

Section 2 每个人的独特，都源自于价值观的差异。

世界上的每个人都是独一无二的，而人之所以独特，很大一部分原因是出自于我们价值观的差异。不同的价值观，使我们人生中关心的重点不同，让我们用不同的行事风格待人处事，做出各种不同的决定，进而形成不同的人生轨迹。譬如，有人觉得生活不必紧绷，只要得过且过就行，有人却觉得人生必须要奋发向上，兢兢业业。

错误的价值观，会给你带来不可估量的损失。

李开复先生在《做最好的自己》一书中曾说过："一个没有良好的价值观，没有正确态度的学生，即便进了名牌大学，他的成功概率也一定是零。"

当一个人的价值观产生偏差时，即使他成绩卓越，考上第一志愿，然而，毕业后，少了好成绩的光环，发现很多事情无法随心所欲时，原本不正确的价值观，会让这个情形更加严重。

格蕾丝是我留学时的同学，聚会时，她总是高谈阔论的那一位，而且内容永远都是抱怨、抱怨、再抱怨。刚开始认识格蕾丝时，我觉得这女孩没心眼、很直爽，但奇怪的是，这样的人却没什么朋友。相处一段时间后，才发现她的价值观有一些问题。

她之前上班时，常常被同事排挤，被上司责骂，她就认为是同事嫉妒她。她总觉得别人对她好是应该的，所以只要稍有不顺，她便开始抱怨，久而久之，大家逃的逃闪的闪，没人再愿意与她打交道。

有一次，大家提到留学的经费来源，格蕾丝说道："我姐姐掏腰包帮我出了七成的钱。"

于是，大家纷纷对她的姐姐赞誉有加，因为大部分人出国留学的资金都来自父母，或者是自己工作辛辛苦苦存下来的，而格蕾丝的姐姐竟然愿意帮妹妹负担如此庞大的费用，真令人感动。

没想到，格蕾丝却一脸不以为然地说道："兄弟姊妹间本来就应该互相帮忙，为何要这么感动？更何况，她也没帮我出全部的钱啊！因为用的不是自己的钱，还害我在国外没办法随心所欲花钱。"

此时，一位同学忍不住开口："格蕾丝，自己的学费应该要自己出。你的观念真的需要改一改了。没人有义务帮他人完成梦想，就算父母和兄弟姊妹也是一样。你都已经在社会上有过工作经验了，多少应该知道一些人情世故吧！"

不过，她的反应却让大家始料未及，听完上述那一番话后，格蕾丝站了起来，昂首阔步地走到门口。突然，她回过头不甘心地对那位同学说道："我觉得你不应该当众说我，这很不礼貌。而且，你现在连份工作都找不着，有什么资格说这些话呢？"

就是这样，随着相处时间愈久，大家愈发现格蕾丝让人不敢亲近。错误的价值观让格蕾丝常常碰壁，这一次她的"应该价值观"，又让她失去了一个朋友。如果格蕾丝能够在心中多存一些感恩之情，或许她能变得快乐正向许多。

让行为符合正确的价值观，梦想才会离你更近。

《福布斯》杂志网站的专栏作家杰森曾归纳出改变他人生的35个问题，其中一个问题就是“你的价值观是什么？你的作为都符合这些价值观吗？”

树立正确的价值观只是第一步，更重要的是要让自己的行为符合这些价值观，纸上谈兵、夸夸奇谈都是没有用的。许多人无法达成目标的原因之一，正是因为他们说的和做的总是存在着一定程度的落差。

明星刘德华，能够获得众人称赞、粉丝爱戴，除了他的演技和才华，最重要的是他总是和大家分享正面和积极的价值观。他觉得每个人都应该受到尊重，不能因为他是影星，就理所当然受到大家的礼遇，而歌迷影迷也不能因为不是偶像，就得受到无礼的待遇。

这些话并非只是博得众人好感的言论，刘德华也真正身体力行，让人们感受到他言行合一的魅力。有一回，他在台上表演时，看到台下出现疑似有保安对粉丝过度推挤的情况，他竟然从台上跳下来，欲保护粉丝，不让他们受到无理的对待。

当你提问别人：“你的价值观是什么？”多数的人都能侃侃而谈，但是如果你继续追问：“你的作为符合你的价值观吗？”对方通常都会开始出现迟疑和不确定。

那么，再来强调一次，即使你拥有正确的价值观，但你的行为却与之背道而驰，那么说什么亦是枉然，唯有行为符合价值观，言行一致，人生才能朝光明的一面前进。

Changing know-how 改变自己的小窍门 12/30

从心底认同正确价值观，成为一个言行一致的人。

大多数的时候，你会觉得培养正确的价值观很简单，只要常常保持积极正面的态度，那么久而久之价值观当然也会变得正向。其实不然，如果你无法从心底认同这个正确的价值观，你的行为就无法与之相符。在表面认同、内心疑虑的拉扯下，你反而会更无所适从。所以，从今天起，改变你的习惯，让你的行为符合价值观，你会发现，这种心口一致的改变，会让你拥有实在的自信。

1. 当你觉得自己的行为难以符合正确的价值观时，你可以告诉自己："如果不试图改变，那么人生会一直困在现境里走不出去。"找到对于自己而言最想要完成的梦想，用梦想推动自己的改变，为了实现梦想必须让自己的一言一行彻底符合正确的价值判断。
2. 从名人传记中找到力量。成功的人大多拥有正确的价值观和与之相符的言行，看看这些人都是如何做到让自己言行合一的，榜样和示范可以带给我们力量。

Chapter III

Section 3 认识生活的本源，让生活因简单而愉悦。

生活究竟是什么样的？生活应该是什么样的？也许每个人都有不同的答案，但愉悦的生活应该是大多数人共同的目标。那么，究竟是什么样的不良习惯让这个看来不困难的目标变得有些遥远呢？

学会品味生活，找到生活的本源。

台湾畅销书作家舒国治，一直以来，他写的文章总是跟生活脱不了关系，他是寻访美食的饕客，但他所爱好的饮食并不是山珍海味，也不求炊金馔玉，他笔下描绘的往往都是些十分平易近人的小吃。由于他熟悉台北的街道巷弄，懂得品味生活，所以当诺贝尔文学奖得主奥尔罕·帕慕克和美国推理小说劳伦斯·布洛克来到台湾时，都指定要舒国治陪同。

对舒国治而言，他的一天大约从中午开始。他每天徒步到永康街吃中餐，饭后便就近找熟识的书店坐下看书、喝茶。稍晚，趁着太阳还未没入地平线前，他会与朋友小聚，或是到附近散步。他常在书里畅谈从生活中体悟到的人生感慨，他写了一本书书名就叫《理想的下午》。

其实，理想的午后时光每天都有，每人也都有，最重要的是，你用什么样的心情去看待生活，你是否细心观察与体悟过生活。

就像舒国治在谈及某店的面食时，他通常不会只描述面条的口感和汤头的味道，他还会聊到这家店的故事，以及当地环境的变迁。从单纯的饮食，谈到与食物不可分割的老故事，在空间与时间的交融之下，食物也有了人情的温度与时空的立体感，平凡生活也因此有了特殊的韵味。

但并不是每个人都能像舒国治一样，从寻常的事物之中，体悟生活的不凡，这是因为我们容易追求更多、更好的物质而迷失了身心。

就好像明明到了该睡觉的时间，但我们却忽然想吃宵夜，这其实并不是因为肚子真的饿了，而是出于口腹之欲；又或者，看到名牌包包、昂贵服饰，我们就想去赚更多的钱而拥有它们。不过即使在我们吃完宵夜、买到日思夜想的包包，暂时填补了欲望的缺口后，满足的感觉却无法持续，很快地又会在我们的心头出现另一家想吃的美食，或是下一个想买的对象。

这些问题，看似是不良习惯，但其实是我们受制于欲望的表现。何不从品味生活细节开始，试着咀嚼环绕在你周遭的人事物，当心灵更加丰盛时，人生也会在不知不觉中单纯、简化，坏习惯也就在不知不觉中被改掉了。

清理多余的杂念，保持心念单纯。

人的心中有杂念，烦恼也会油然而生，积的杂念愈多，心底的不满足感也会随着升高，从而导致负面的影响。所以当你发现心里存有太多杂念时，要记得适度清理，否则，当你的内心空间被杂念占满时，快乐也只能不告而别了。

孩子之所以常常笑容满面，单纯天真，是因为他们的杂念少，他们很容易因为吃到糖果、得到玩具就觉得开心不已。想想当你二八年华时，买到一件喜爱的裙子，可能就让你高兴一天，但当你三十而立时，可能需要更多的事情才能让你开心。

阙晴是我在朋友生日聚会时认识的朋友。以前的她是职场上呼风唤雨的女强人，每天和同业竞争，和社会拼搏，和许多陷阱流言战斗。她二十几岁时，只想得到一分安稳的工作，过了三十岁，她想要的是更高的职位，更丰厚的薪水。所以，这几年来，阙晴一直努力不懈，但是头衔和薪水似乎没让她的笑容变多。

有一天，她看了一部法国电影《美丽的约定》，赫然发现自己许久不曾如此感动了，原来每天为了满足欲望，心中的杂念让她逐渐将生活的本质给淡忘了。于是，她告诉自己，要改变“欲求不满”的恶习，让自己回归单纯，真正拥有欢颜。

于是，除了忙碌的工作外，阙晴开始每天运动、看书、下厨，回归到自己最喜欢的生活模式——简单。周末时，她会去当志愿者或去听演讲来取代不必要的应酬和聚会。一开始改变并不容易，但经过一段时间后，她发现自己既习惯了这样的生活，也喜爱这样单纯的自己。

如果你的内心也很向往简单的生活，就要先清楚自己人生中不能舍弃的东西是什么，才能简化日常生活中不必要的部分。

就如同功夫巨星李小龙所言：“不要得，要舍；不要每天增加，要每天舍弃，功力高低就看能不能化繁为简。”

每个人的成长历程都不同，因此我们对事物的欲望也不同，适度满足自己的欲望，会带来愉悦感，但若是你过度追求欲望，只可能给自己带来无尽烦恼。如果想要过简单愉悦的生活，就要适时舍弃，在放下的同时，取而代之的将会是更持久的快乐与充实感。当你舍弃那些增添生活繁华面貌，却也带给你更多烦恼的杂念时，你就能看见自己真正需要的不过只是一个快乐而知足的自己。

Changing know-how 改变自己的小窍门 13/30

保持单纯的信念，就能收获单纯的幸福。

每个人的生活中都有各式各样的需求，有些是不能舍弃的基本需求，但有些就如同枝叶一般，要时常细心修剪，才能让花朵、果实获得更多的成长养分，也就是说，我们要让自己保持单纯的心念，才能拥有真正的快乐。

1. 当你无法满足自己的物质欲望时，可以告诉自己："拥有这些物品，会让我快乐，但这快乐是短暂的，是缺乏能量的。既然拥有这些，也不能让我得到真正的喜悦，我该思考，去做些什么更有意义的事，才能带给我发自内心的满足。"
2. 常常提醒自己现在已经拥有了很多美好的事物，以此适度转移对物质的过度追求。譬如，虽然我负担不起购入一辆车的成本与开销，但是我有一部很实用的山地自行车，骑它上下班或是假日与车友相约征服山岳，获得健康的身体，这是再多财富也换不来的。记住，正面思考的力量是你富足心灵的源泉。

Section 4 改掉追逐名牌的习惯，找到属于自己的生活风格。

不停购物、追求名牌被认为是一种不良的生活习惯，你拥有愈多，想要的反而更多，忍不住又改不了。如果你发现自己有这种现象和感受，那么，对欲望的渴求可能已经对你造成了负面影响。

写出《生活简单就是享受》的美国作家詹姆斯曾提过"'大'不见得就好，'多'也不见得就是富有；唯有简单、自在的生活，才是一种享受。"当我们对物质的认知产生迷惘时，就要试着调整自己的想法。

改变追求名牌的习惯，改为单纯喜欢物品的本质。

不论人生进程走到哪个阶段，我们仍然可以保持最初单纯的心态，这样才能真正感受到快乐。

有些人追求名牌，或许是单纯喜欢，或者是因为它的时尚，但更多的时候，是喜欢名牌产品带来的社会地位的象征，仿佛自己身上穿戴着这些昂贵美丽的名牌就会获得别人的尊敬。但这是真正的快乐吗？

我有个白手起家的朋友，在四十几岁时，已经拥有上亿的身价、显赫的社会地位以及数不清的头衔，很多人以为，这样的人一定与一般老百姓很有距离感。没想到，当我和她深谈后，才发现现在拥有这么多的她，竟然仍保持着最初单纯的信念。

其实，有一段时间，她也曾想用名牌物品把自己包装起来，经过多年努力，她终于实现梦想，拥有了许多名牌逸品，其中还不乏限量收藏款。只是，有天夜深人静时，她发现自己心中仍然空虚落寞。她才明白，必须改变这种汲汲营营的想法让生命变得更充实。于是，她开始戒除买名牌的习惯，反而去培养自己对时尚的观察、美学的品味。后来，当很多人称赞她的打扮，以为是哪家价值不斐的名牌单品时，她终于证明了一个人的品位并非纯粹靠品牌堆砌而成，而是靠个人的美感经验。

对我的这个朋友来说，从爱买名牌，到不必身戴名牌也能拥有充分自信，这个过程也不是一帆风顺，这中间她也经历了多次的反思和自省。有时候，朋友一句怂恿的话，也会让她产生购物的冲动。幸好，她发自内心地愿意蜕变。

当你学会真正喜欢物品本身，就会真正想要使用它，配戴它，并且好好保存它，这种喜爱，会让你使用或者穿戴它们时更有自信，更有魅力。你会发现，不必再去费心得到外在的掌声或认同，甚至也不用过度在意自己的穿着是否合乎流行趋势，你会喜欢上本真的自己。

你有你的风格，不必跟随潮流。

一个人喜欢某件物品，有很多原因，可能喜欢它的设计，喜欢它的颜色款式，喜欢它的设计理念，也可能是因为它现在正在流行。不过跟着潮流走，很容易因为潮流不再，你也会渐渐对其失去兴趣。

有一阵子，很流行黑白条纹的衣服，我的朋友爱莎买了不少，她觉得穿起来很时尚。然而，有天她站在街旁，看到有几个路人竟不约而同地都穿上了横条纹花色的衣服，她竟然感觉这些人好像被潮流制约的囚犯。爱莎突然不太理解自己追随时尚潮流这么久究竟是为了什么。回家后，望着衣橱中那些她曾经觉得很潮的衣服，突然对自己的选择啼笑皆非。

影星张曼玉就拥有独特的品位，她往往能将毫无亮点的衣服穿得仿佛出自时尚大师之手。或许有人认为，因为她穿的是最时尚的流行服装、最贵的名牌服饰。其实不然，她买衣服时，并非一味随波逐流，而是买自己喜欢、自己会穿的服饰。张曼玉曾在接受某家时尚杂志采访时提到，她买衣服不跟风，也不崇尚名牌，因为她认为个人风格与价钱并不存在等价关系。而且，她还有个特别的习惯，衣服买回来后，会先把品牌标签剪掉，因为她自己就是独一无二的品牌，不需要名牌来加持。

张曼玉也曾说过："fashion（时尚）只是bonus（额外的好处），是额外的而不是必要的，我讨厌must-have（品位必备）这个词，因为除了你自己之外，还有甚么是must have（必须）的？"

当你还在为了追求某种潮流让自己产生莫大的压力时，不妨思考，追求潮流的习惯真的是必要吗？人生也同此理，当你意识到当下的追求不再单单是为了自己，而只是跟随某种流俗之时，或许就是你该回头，好好调整人生步伐的时候了。

Changing know-how 改变自己的小窍门 14/30

拒绝名牌，真正认清楚自己的想要和需要。

当你看到周围有人全身名牌时，可能会出现几种情绪——羡慕、嫉妒、失望，或者渴求，不过，请扪心自问，你是真正喜欢这些东西本身，还是品牌带来的光环呢？如果只是后者，你应该认真思索、了解自己为何会想要，看清楚它是否真的是你的需要。

1 当你忍不住想要一掷千金购买名牌时，你可以问问自己："我是为了虚荣心才买还是因为真正喜欢，如果是虚荣心，那么这代价也未免太昂贵了！"先理清内心的真正想法，再决定买还是不买。喜欢一样物品，就像感情一样，如果光爱上外貌，实际上一点也不实用，与你的缘分也不长久。

2 用积极的情绪鼓励自己，告诉自己："如果不买名牌，我可以去旅行，买更多自己真心喜欢的物品。"通过提供积极的优质方案，让自己重新定向，不再陷入对名牌的迷失当中。

Section 5 让自己保有人生的选择权，随时可以开始改变。

在《战国策》的名篇《冯谖客孟尝君》中，冯谖对孟尝君说："狡兔三窟，仅得免其死耳。今有一窟，未得高枕而卧也。"这句名言告诉我们，人必须有多元的应变措施和选择，才能保护自己，让自己的人生高枕无忧。

人生并非只有单一选择，领悟到这个观念，你的人生才会拥有更多的可能。有些人二十几岁时就能体会到这一点，有些人等到年过半百才惊觉，有些人已经白发苍苍，才后悔当初为何没有多一点的勇气，去追求其他的可能性。其实，在我们的生命中，任何一种改变的成功，往往不是所谓的水到渠成，而是出自于认为不得不改变的心理。

学习改变，让人生选择更多元。

当你习惯安逸之后，对一些潜藏的危机，往往会逐渐失去敏锐度，而一旦失去对于人生的忧患意识，你就很容易因为一些突如其来的意外而变得不堪一击。如果你能意识到这样僵化的生活方式，其实并不等于稳定，反而潜藏危机，不如试着调整自己面对生命的姿态，人生的主导权才会重新回到你的手里。

予佩也是我所熟识的人，在没结婚前，她是个循规蹈矩的上班族。她和另一半丹尼一见钟情，不到半年就步入礼堂，原以为两人从此就能过着幸福的日子，现实的考验却在等待着他们。

婚后才半年不到，丹尼就失去了工作。这时，予佩才发现丹尼自由随兴的生活态度为他们的婚姻生活埋下了一颗即将引爆的地雷。丹尼对人生一直抱持着得过且过的态度，毫无忧患意识，自然也无存钱的习惯，即使失去工作，也不积极找工作应聘。他每天睡到日上三竿才起床慢慢吃早午餐、看报纸，等到他觉得该处理的杂事都告一段落之后，才开始阅览有关求职的信息，这时，往往已经接近傍晚了。

期间，丹尼也并非没有遇到合适的工作，但他去面试后，即使对方愿意录取任用，丹尼却老是用新工作的环境、待遇和过去的工作无法相比作为借口拒绝入职。事实上，他这么做是因为不敢离开过去的“舒适圈”，更害怕自己在新环境中受挫。于是，丹尼错过了一个又一个任职的机会。时光荏苒，这种单靠予佩的收入勤俭过活的日子，一晃就过了三年，丹尼依然故我，不愿改变对人生的态度和习惯。

在每个月账单催缴的压力下，两个人常常为了家里的开销吵架，因为生活的重担都压在予佩身上，所以她心中的怨怼也愈来愈深。最终，予佩终于下定决心，既然丹尼不愿意改变，那她只好自行宣告改变——予佩提出了离婚。

其实，即使在最绝望的时刻，人生仍充满着种种可能，与其把一时的灾厄看作祸端，不如告诉自己——这是上天给我一个重新选择的机会。尽可能地去体验、尝试，如此一来，当你面对困难或打击的强风暴雨时，才能掌握其他求生的机会。虽然，改变习惯的确不易，但是，让自己一蹶不振，难道就会让人生变得更好吗？

丹尼因为找不到足以让他改变的动机，所以自甘堕落。若是一开始失去工作时，他就能清晰认识到没有稳定收入、现实生活出问题和婚姻破裂是连结在一起的，他就不会一直放任自己最终让婚姻宣告终结。

其实，人生就是通过不断改变、选择，才有变得更好的可能。因为人生的道路，一直都不是单行道，处处是机会，就看你是拘泥于往日的路径，还是愿意探索全新的路线。

就这样度过人生，还是鼓起勇气改变人生？

《勇气》这首歌中有一句歌词——爱真的需要勇气。其实，不止爱情，人生又何尝不是如此呢？有人勇于面对挑战，有人习惯安稳度过一生。或许，你过着现在的生活，只是不想改变，亦或许，从来没有人告诉你，人生还有其他的可能性？

早知道，早改变，就早一步圆满；晚领悟，晚改变，就晚一步圆梦。

那天，接到一位久违的朋友利奥来电，原来他辞掉工作，开了间咖啡厅。我记得利奥之前是个年收入破百万的工程师，因此他突如其来的改变，让人很意外。利奥告诉我："很多朋友都笑我想不开，身在福中不知福。然而，我有不同的想法，或许每天工作，薪水稳定，生活无虞，这种生活很多人都求之不得，不过，喜欢研究咖啡的我，却认为人生不应该每天被工作捆绑，那样毫无乐趣可言。"

我脱口而出：“的确，在我的印象中，你很懂咖啡，也喜欢游山玩水的生活。”

“是啊，我工作的这几年，旅行变成了奢侈，太多的杂事让我忘记了初衷。有一天，我在压力中醒来，突然发现，我如果再不改变，可能就被现实给彻底改变了。”

还记得以前聚会时，利奥永远忙着接电话，或者眉头深锁，但现在的他充满了自信和喜悦。

看到他的转变，我由衷地替他开心，但不免担心地问：“一下子要改变生活模式，不简单吧？”

利奥哈哈大笑：“的确不简单，压力和阻力比想象中大，真吓人。但是如果不改变，我的人生就会越来越无力，连我自己都无法说服自己。反正，迟早要改变，不如早一点改变，让自己早一点习惯。”

我们都知道，改变生活模式确实很难，但真正阻碍你的是你自己，即使已经知道自己想走的道路，却迟迟无法下定决心迈出步伐。

想一想，当你经过岁月洗礼，人世变迁，垂垂老矣时，你可能会感叹道：“我的人生就这样过了，真不甘愿。早知道我就改变当时的想法，勇敢圆梦。”还是，你要满足地说：“多亏当初毅然决然的改变与修正行走的轨迹，虽然很辛苦，却让我的人生看到了不同的风景。”

两种说法，两种感叹，你可以扪心自问会选哪一种，后悔是一种无药可救的病，唯一能纾缓病情的，就是立即行动！反正早晚都要改变，不如早点改变。

美国喜剧演员、金球奖得主金·凯瑞在2014年艾奥瓦州玛赫西管理大学毕业典礼上，收起电影中的搞笑形象，向学生们分享他如何面对漫漫人生："根据人生经验，我可以这样说，你们对他人造成的影响，才是这世界上最有价值的财富。这是因为你这一生所获得的一切，有天都终将腐坏，离你而去，而能够留下来的，就只有你心里的东西。当要做出选择时，你到底是选择了热忱还是恐惧主宰你的人生？你大可以向宇宙许下任何的愿望。让宇宙知道你想要的是什么，然后，朝目标努力前进。是要怀抱热忱，或者心存恐惧，不要迟疑，永远都要选择热忱。别让恐惧改变你们年轻富有潜力的心。最后的最后，用一句话来期许大家：我们都有自己要追求的人生，自己要编织的梦想，我们都有能力实现愿望，只要我们持续相信。"

如果你觉得现在的人生与自己理想的目标甚远，那么继续维持这一贯的行进方向，更不可能抵达你想达到的境界。就如同心灵作家李欣频所言"你不可能经由一个没有喜悦的旅程，到达一个喜悦的终点。"人生随时可以重新洗牌，而你愿不愿意放下那令你酸痛的生存姿态，给自己一个选择改变的机会呢？

Changing know-how 改变自己的小窍门 15/30

你的每个选择，也许都会影响你的人生。

有些路程，是人生中不得不亲身经历的，相对地，有些过往，也只是点缀，并不必然会影响你的一生。真正能够决定我们一生的，并不是我们曾遇到过什么样的事情或什么样的人，而是我们究竟如何衡量与选择。所以，想要过怎样的人生，应该由自己决定，不论是父母、同侪都没办法替你仅有的此生负责，如果现况并不是你真心想要的，你随时拥有重新选择的机会。而改变自己，就是让人生拥有另一种可能。

1. 当你想要改变人生，却受到外来的阻力时，你可以告诉自己："我再继续这样想下去，或许到了知天命的年纪时，还是这样只会空想。"找到你最想要的人生，然后循序渐进的完成。或许，外界纷扰不断，但是你只要坚信：我自己的人生，自己负责！
2. 当没有人赞同你时，更要坚定地告诉自己："为了我想要的将来，我必须坚持下去！"没有人能替你决定人生要如何过，只有你能为自己写下改变人生的圆梦进度表。

Chapter IV

Changing step 3 改变步骤三

停止因循苟且的陋习，把人生导入良性循环！

Chapter
IV

Section 1 克服拖延症，培养“现在就做”的好习惯！

据说伟大的文学家维克多·雨果写稿的时候总是一丝不挂，并且让管家把他的衣物藏起来，因为如此一来，雨果就没办法外出，只能老老实实地在家里工作了。这个关于文学大师客服拖延症的逸闻听起来幽默有趣，然而，现实生活中的拖延症就无法令人笑得出来了，下面这个状况恐怕在很多人身上都发生过。

你再次下定决心要克服睡过头的坏毛病，于是，前一天晚上你就把闹钟定到早晨六点半。第二天，你的闹钟准时响了，可是你根本没有立马起床，直到你忽然惊醒，翻身一看闹钟，才发现自己又要迟到了。于是，你匆匆忙忙地爬起床，再次重复前一天的错误。

更糟糕的是，当你老是用这样的态度来面对陋习时，最后会把人生拖入难以摆脱的恶性循环。每当我们面对困难的时候，一再拖延，只会让自己失去想要行动的冲劲；相反地，若能与自己初始解决问题的勇气趁势共进，放手去做，问题才能有效得到解决。

也许，早已变成拖延“惯犯”的你，认为想要改变难如登天，其实只要深入了解自己为何会陷入如此的习惯中，就能真正看见转变的契机。

知道为何会形成习惯，才能从根本上改变。

习惯会在脑中形成固定的连结，让我们一遇到相似的情况，自然会启动相应的动作。就好像我们出门时习惯随手关灯，所以当你走出门的那一刻，有时会没注意到房间里还有其他人，还是顺手关了开关，等听到尖叫声，才意识到自己做错事了。

心理学家为了探讨人类习惯的养成方式，曾设计了一套实验。

他们把一只小白鼠放在T型模型道路的入口，并在岔路的左方放一块巧克力。当研究者拿开中间的隔板时，小白鼠会小心翼翼地前进，一边走一边东闻西嗅，当它走到底端的T字路口时，会先往左右两边探视，当它发现左方有巧克力的香味后，就会全速前进，并大快朵颐。接下来，研究者对同只小白鼠一再反复执行相同的实验。随着实验次数增多，小白鼠沿途探索的时间也愈来愈少，前进的速度也愈来愈快，甚至到后来，只要一打开入口的门，老鼠就会直接朝着左边有巧克力的岔路快步前进。

同时，心理学家也从观测仪器中发现，当小白鼠的行走路径愈来愈直接时，它脑部的思考活跃度也越来越低，这也就是我们的惯性逐渐养成的过程。

在正常的生理机制之下，我们的脑部会自动把自己一再重复做的行为储存在记忆区以外的地方，让大脑更有空间余裕随时处理紧急事情，这本来是为了提高大脑运作的效率，却在不知不觉中，反而让我们思考的多元和弹性反应愈来愈退化。

美国成功学的奠基人和最伟大的成功励志导师之一奥里森·马登曾说："习惯的养成有如纺纱，一开始只是一条细细的丝线，随着我们不断重复缠绕，最后丝线结成了一条粗绳，于是我们的思想和行为就跟着变得僵化，没有了弹性。”

了解了习惯形成的规律后，如果你想要改变长期养成的拖延习性，可以尝试从日常生活中容易被忽视的事情着手，逐渐建立马上行动的好习惯。比如，与家人的晚餐时间结束后，面对水槽中的一片杯盘狼藉，你感到很厌烦，这时你往往会心想：“我先去看电视放松一下，等下广告空档再来洗好了。”结果你一坐到舒服的沙发上，就再也起不了身了，等你看完电视时，也差不多深夜了，于是就假装忘记水槽中未清洗的碗盘，径自走进卧室倒头就睡。

如果，你试试看“别想太多，现在就做”的方式，以上的情形也许会改变。晚餐时间结束后，你边收碗盘、边到水槽边就位，然后，面对这些令人厌烦的脏污，你立马像打击敌人一般，用最有效率的方式把碗盘清理得一干二净。这时，你突然会感受到“坐而言，不如起而行”带给你的效率感，这是过去爱拖延的你不曾体悟到的。于是，用完餐马上就到水槽旁定位的好习惯被养成后，你就会觉察到往日的一拖再拖并不会带给自己好的感受与结果，好习惯也就逐渐取代了坏习惯，拖延症在某种程度上被克服了。

从本质上了解自己，才能找到拖延的根源。

拖延只是一个表现出来的行为，如果只是针对拖延这个外在行为进行控制或改善，可能还是治标不治本。就好像我们知道一个缺乏自信和惯性悲观的人遇事容易逃避，却不知道他们为何会缺乏自信和乐观，我们也都知道没有预留缓冲时间会造成拖延，却不明白到底是什么扭曲了拖延者的时间观念。如果能深入了解这些问题产生的根本原因，也许不仅仅能治好拖延症，还能解决阻碍人生发展的问题。

众所皆知，用十年磨一剑的方式才拍出《一代宗师》的香港电影导演王家卫堪称是拖延界的名人。《一代宗师》这部曾被调侃为“一代失踪”的电影，前后的筹备、摄期、剪辑竟有十余年的时间。而这并不是王家卫导演第一次如此拖延，多年前拍摄《东邪西毒》时，他曾把一群明星困在荒凉的陕北一拍就是一年半载。

苹果公司的创立者史蒂夫·乔布斯也是如此，他曾为了找到一块心目中完美的计算机面板，不惜将原定的新品发布日期一再推迟。

一个人之所以会有拖延心理，可能有以下几个方面的原因，一是他对事情不感兴趣，反感并有抵触心理；二是他觉得要做的事情难以下手；三是纯粹自我要求完美，前面谈到的王家卫导演与乔布斯就都属于此类型。

在日常的工作中，我们可以通过三个步骤来克服拖延症。首先你应意识到自己的拖延对事情绝对有百害而无一益；接着你可以一条条列出自己拖延的原因；最后在平常的工作中，尝试踏出克服拖延的第一步。

当然，偶尔也需要适当逼自己一下。就像苏联最伟大的文学家之一高尔基先生一样，他的办公桌没有抽屉，因为他不想给自己空间，将今天的事拖到明天。

那么，要不要从明天开始就打击拖延这个敌人呢？

不，你最好现在就开始！

Changing know-how 改变自己的小窍门 16/30

行动起来，不再拖拖拉拉过生活。

解决我们的拖延问题就如塑身一样，是一个长期奋斗的过程，别人只能给出一些建议，最终解决问题还是必须依靠自己。在你做出具体的解决方案之前，首先你要明白人的意志力是有限的，但同时意志力也如肌肉一样可以愈锻炼愈强壮，只要你有决心根除拖延症并付诸行动，就一定能有所改善。

1. 经常自我反省与心理暗示"晚做不如早做，机会不会等你""不必追求完美，但求尽力尽责就可以了"。还可以尝试分析自己的任务，做完该做的事情后有哪些好处，不做的坏处又有哪些，一方面警醒自己，一方面鼓励自己。

2. 屏蔽干扰自己的事物。有时候，我们会拖延并不是不想做，而是注意力被分散，因此，最直接的办法就是屏蔽影响执行效率的干扰物，例如工作时关掉娱乐网站、通信软件、音乐播放器、网页浏览器。

2. 将待完成的任务做合理分配。一旦事情太大、太难、太复杂就会让人心生为难，可以尝试将大事化小，将一个任务拆分成若干容易完成又有明确目标与期限的小任务，以此提高执行效率。

Section 2 摆脱依赖学会独立，让人生的弹性不被限制。

如果你缺乏独立思考的自主意识，也没有把事情做好的自信，就总会依赖他人给你建议，甚至会依赖他人帮你选择人生的道路。不过，每个人都应该有自己不同的人生选择，并为自己的选择负起责任，只有这样你才会更清楚自己是为了什么而努力，又该如何努力。

尝试发自内心地摆脱依赖心理。

1893年，日本夏普公司的创始人早川德次出生在日本关东一个以贩卖水果为生的家庭里，由于父亲收入微薄，日常生活时常无以为继，为了减轻家中的经济负担，母亲只好把当时一岁多的早川德次送给别人当养子。在养父母家，早川德次并没有得到良好的照顾，小学只念了两年便辍学了。后来，早川德次辗转到了一家首饰加工店当学徒，每天的工作内容就是照顾小孩、煮饭、洗衣，更少不了要搬运笨重货品的辛劳。

四年过去了，有一日，他鼓起勇气问老板："老板，可不可以请您教我做首饰的手艺？"

老板没答应，他对早川德次说："孩子，你这么小能学得了什么呢？你如果喜欢学，就要自己想办法！"

后来，每当早川德次协助老板工作时，他就会用心地看，用心地学，所有一切有关工作的学问和技法，全部都是他向老板偷学来的。

1912年，才十九岁的早川德次开始了自己的创业生涯。三年后，他就研制出按压一下即可使用的“早川式自动铅笔”，这个产品上市后成为学生人手一支的基本用具，更带来了新款文具的改革风潮。

然而，好景不常，1923年9月1日的关东大地震，几乎震垮了早川德次创业以来的全部心血，工厂内的设备、产品、原料等全都在震后引发的火灾中被烧毁。

为了偿还欠下的货款，早川德次只好到一家文具公司当技术主任。半年后，他决心再次创业，早川德次咬牙立志，创立了夏普电器公司，开始生产收音机。自此至今，夏普已经在全世界开展业务，从自动铅笔、收音机、电视到微波炉、太阳能电池、再到液晶显示器，夏普一次又一次地创造出难以超越的产品。

了解了早川德次的生长背景与创业过程，不免令人反思现在一般家庭孩子的经历。现在的很多孩子自幼就备受父母的呵护与疼爱，除了校园生活外，都在父母的羽翼下成长，直到大学毕业才开始步入社会。成长过程中，他们很可能缺乏独立的生存训练，一遇到求职受挫或工作不顺遂，自然而然就会想回到父母的保护伞下，因为那样就不必面对自己人生的问题，也不必学着该如何克服与解决，不知不觉之间他们就成为了所谓的“啃老族”。

依赖心理的形成是一个长期的过程，也是一种消极的心理状态，会制约人的自主性、积极性和创造力。要克服自己的依赖心理，就必须从心理层面建立自己对独立的自信。如果你发现自己有过度依赖他人的问题，也已看到这个问题对人生的影响，可以试试以下的方法，帮助自己发自内心地摆脱依赖心理。

首先，你要尽量全心地接纳自己。每一个人都有优点，也都有弱点，有的人发现了自己的缺点和缺陷，就会把它当成包袱背起来，压在心头，连自己的优点和长处也看不到了。于是，当他的精神被自身的弱点包袱压垮时，对于尝试与挑战就会产生一定的心理障碍。事实上，许多事情别人能做到，你也一定能做到，所以你应该尽量客观地认识自己，认清弱点，也要发挥优点。

如果你做一件事失败了，应该问自己："下次我会如何解决、克服？"

而不是不断地催眠自己："原来我没那个能力。"

对自己问对的问题，就能得到对的答案，就不会过度依赖别人的所谓标准答案，而令自己变成一个不会解决人生习题的大孩子。

接着，你要适度给自己信心。因为自信心是开发自身潜能的钥匙，更是追求事业成功过程中不可或缺的心理要素。当你碰到困难时，一定不要轻易放弃，而是要坚持对自己说"我可以！""我能做得更好！"这是一种很重要的自我正面心理暗示，有利于不断提升自信心。心理学的研究也证实，相信自己可以斥退恐惧，带给自己更多行动的能量，更能提升肾上激素，增强解决困境的脑力与体力。

最后，要学会发挥自己的主动性。在社会上，每个人都需要他人的帮助，但是接受他人的帮助之前，必须先发挥自己的主动性，这样才不会滋生出觉得找别人协助理所当然的心态。因为只有先发挥了自己的主动性，才能较客观地评估自己对哪些事情擅长、哪些事情不擅长。了解了自己的不足，在接受别人协助时，正好能从旁观察学习，而不是被动地等待问题解决，又坐享其成。如果有些事你需要征询他人的意见，也只有事先发挥自己的主动性多思考多分析，才能有效地从他人的意见中撷取到需要的信息，而不是被牵得晕头转向，更不知所措。

一旦能从对别人的依赖中解脱出来，你就会获得踏实的感觉、自信的力量，并开始享受自主、自立给自己带来的好处。当你确实发挥自己独立思考的能力时，很快就会看见人生产生质的改变。

一个人一生可以做的事情，远超乎你的想象。

若想随时保持自己的弹性，不被既定的依赖心理和习惯所钳制，就要向逆龄老人赵慕鹤看齐。

赵慕鹤老先生出生于1912年，号称是台湾“百岁逆龄超人”，他75岁时当背包客，独自到欧洲自助旅行，为时五个月。当时，他不懂英文，更不会计算机，而且出国之前没有预订旅社，一般人可能会对此很担忧，但赵慕鹤却说：“不用订，每天下午五点钟，你看有年轻人从车站游览回来，跟着走就找得到青年旅馆。便宜啊！”所以旅行期间，他就和背包客共同挤在二十个人一间的青年旅馆里，有地方住也能节省费用。

赵慕鹤老先生打破了以往我们对旅行中住宿安排的既定印象，还告诉我们，原来想要到全世界探险也可以是一件说走就走的事，一个

75岁的老人家都能做得到，那么我们又有什么理由不去实践呢？

虽然早已是饱读诗书，但赵慕鹤老先生仍想要取得正式的硕士学位，得知他这个想法的老友不能理解：“你胡说八道，老赵你都要死啦，几岁了还考试？”老先生并未因为被泼冷水而放弃，而是坚持应考并顺利上榜。在校两年期间，赵慕鹤每天从高雄搭车北上嘉义大林，再转校车前往听课，来回共四个小时的时间，从不缺课，也从未迟到，以学习为好，乐此不疲。终于在他98岁那年，以论文《中国书法美学研究——以鸟虫体为中心》取得哲学硕士学位。

赵慕鹤的一生，经历了很多风雨飘摇，他知道生命每分每秒的可贵，因此他想要学什么，就立刻着手学习。在98岁那年，他开始学习使用计算机，为自己建立了一个博客，更为了使用键盘学起英文。比他年纪还小的老朋友听到他要学计算机、学英文，告诉他说：“老赵，你都要死了，还学什么计算机？”赵慕鹤说：“可是我现在还没死，我还活着啊！”说完，连自己也笑了。

根据哈佛大学心理学教授兰格研究，当老人把“那怎么可能！”变成“那怎么不能！”的想法之后，只要短短一星期的时间，即使是八十岁的老人家也会变年经。因为所谓的逆龄关键，并不在于你用什么样的保养品或保健食品来维系生理机能，而是你能否摆脱自我设限的想法，找回人生的主控权！

如果连八、九十岁的老人家都能通过找回对人生的自控力来拓展生命的可能性，那么你还能将“身体状况大不如前”“我的时间已经被绑得死死的”作为无法改变或拒绝努力的托词吗？

与其老是如此自欺欺人，不如问问自己为什么别人做得到我却做不到，其实不用仰赖他人、不必倚赖太多资源，一个人一生能做的事情真的有很多，为什么不为自己拼一次呢？

Changing know-how 改变自己的小窍门 17/30

不必刻意摆脱依赖，你也能独立解决问题。

印度哲人克里希那穆提针对如何摆脱依赖的议题表示“我认为不去问‘如何摆脱依赖’是很重要的，而应该问‘我有能力处理这个问题吗？’”因此，我们不必刻意去摆脱依赖，而要把重点放在如何解决这个问题上，比如以下的几个建议方法。

1. 年纪小的时候不得不依赖父母的援助，但是现在的你并不再是小孩子了，当你无法独立处理人生的状况时，不会有人同情你说：“是他父母没有帮他的忙。”而会对你无情地表示：“你这么大了，怎么连这种事都要父母替你操心！”这样你就能意识到独立的责任在于自己。
2. 试着自己做出决断，不要总让别人或外界替你决定你该过什么样的生活，这样才对得起自己。
3. 你一定要清楚，除了你自己，没有人会一直陪着你，所以面对僵化的生活，你可以试着想有什么任务是你现在一个人就可以完成的。

Chapter IV

Section 3 找到情绪问题的症结，才能彻底解开内心的纠结。

1995年，美国的心理学家丹尼尔·戈尔曼出版《EQ》一书，在全球掀起了一股强劲的旋风，亦使得情绪智商——EQ——这个词成为流行的名词。的确，丹尼尔·戈尔曼重要的贡献正在于让在世人在重视智商之外，进而看到了情智的重要性。

在《EQ》这本书中，戈尔曼指出，情绪管理对一个人发展的影响更胜于学问、能力。

其实，情绪来自于我们对某件事或是某个人的看法，在这个看法形成的当下，便自然会产生一种情绪。如果能够理解情绪是看法的产物，当我们站在某一个角度看事情的时候，就能在情绪未形成以前，适度地调整自己的观点，从源头改变自己的反应。

要学会正确处理情绪问题。

如果你是很情绪化的人，你是否曾经思考过自己被情绪绑架的原因是什么？你为什么会生气？又为什么觉得高兴？有的时候，原因很简单，例如，你被旁人粗心地踩了一脚，所以很生气，而你享受美食的绝佳口感时就会不自觉地感到心情愉悦。但是，随着我们年纪渐长，会更容易因为后天的记忆影响，让情绪产生的缘由变得复杂，比如我们成绩退步时会感觉心情低落，被他人误解又无法解释清楚时，忧郁的情绪就会笼罩着你。

贝莉从小就是一个脾气暴躁的孩子，无论面对什么事情都缺乏耐心，只要一遇到不如己意的情况，她的反应就是发脾气。

小时候，贝莉在校的成绩很好，每次考试都是第一名。但是有一次因为考试之前妈妈没有帮她预先把铅笔削好，导致她在考试时因为还要削铅笔而耽误了写考卷的时间，最后有一道问答题没有写完，所以她的成绩也不如预期。

在得知自己的成绩以后，贝莉第一时间竟是生气地责怪妈妈说："都是你没有提前帮我削好铅笔，害我边削铅笔边写考卷，要不然我一定能考到第一名。"后来，一整天贝莉都对妈妈不理不睬，一个人躲在房间里生闷气。

等贝莉长大后，脾气仍旧没有收敛，只是变得更会数落人了。她第一次参加面试时，面试官问贝莉说："假如客户想退货，你以'产品本身没有问题'为由拒绝他，但他却认为你的处理方式有失误，想要投诉你，你会怎么回应呢？"

虽然只是一个假设的问题，但是贝莉马上皱起眉头说："我的服务绝对无可挑剔，是顾客自己有问题。他在购买我们的商品之前，我一定已经详细地介绍过产品的功能和使用注意事项。如果不是商品的质量出问题，他仍然坚持退货，就是顾客本身冲动消费的问题，跟我无关。所以我会直接告诉顾客，除非产品的质量不佳，否则概不退换。反正，我不怕他投诉！"

听完贝莉的话，面试官笑着说道："你的逻辑很清楚，而且讲话也很有条理，但是我恐怕不能录取你。”原本因为自己回答得有凭有据而感自豪的贝莉，不解地看着面试官，仿佛他说的是外星人的语言。

面试官接着说：“原因很简单，你的态度不适合服务业，因为你欠缺服务他人的精神。你的个性如果是应征研发部门，或许还可以接受，但是你没有相关的专业背景，不足以在公司担任研发人员。所以，你还是再试试看别的工作机会吧!”

听完面试官的话，贝莉很生气，临走时，她还对面试官说：“像你这种是非不分的主管，我才不稀罕！”

当一个人无法控制自己的情绪时，常常会伤及他人，但其实受创最深的，还是自己，除了对身心的直接冲击之外，更连带地影响了自己的思考与决策。

在这个强调捍卫自我意识的年代，也许我们难免会因为“理直”而“气壮”，变得得理不饶人。但如果能在情绪高涨时，停下来想一想，这样做究竟对自己有什么好处，先退一步就现实情况来思考，再决定要怎么处理，就能避免很多冲动带来的恶果。

其实，生气就是在用情绪殴打自己的身体，如果你能试着理解自己为何情绪暴躁，就会发现有时候根本没有大发脾气的必要，正视眼前的问题，才能把精力用在对的地方，让人生过得更顺利。

正常宣泄情绪，面对问题更理性。

我曾听说过有一家国外的大企业，在公司内部特别设置了一间办公室，里面摆满各种易碎的玻璃器皿，专供职员发泄，这是为什么呢？

原来，每个人在工作时，都难免会遇到不顺心的事情，如果将低迷的情绪带到工作中，不免会影响工作效率和同事间的和谐。这家公司希望员工可以适度发泄负面情绪，于是特别准备了这样一间纾压室。通过这样的方式，员工在工作中累积的不良情绪有了宣泄的出口，心情恢复了平静，就能更心平气和地沟通合作，自然能提升工作的成效。

圣帆在一家建筑公司工作了将近十年，他一直很勤奋踏实，所以当营销部主管一职空缺时，所有人都一致认为圣帆是最佳人选。

不过，出乎意料，主管最后竟然任命了一个资历和能力都不如圣帆的人出任营销部主管，这让圣帆的情绪很低落，再听说那个人竟然是总经理的亲戚时，圣帆的不满转为愤怒，写好辞职信后，就怒气冲冲地朝着总经理办公室走去。

就在这个时候，他的好朋友拦住了他，跟他说："我刚刚看见总经理去开会了，你现在去也没人在办公室。要不这样吧，既然你都要辞职了，陪我打最后一场篮球，如何？"圣帆虽然没有心情打球，但总经理不在，他也没辙，只好答应好友的邀约。

到了球场上，圣帆将满腔的怒火全都发泄在比赛上。结束后，当他大汗淋漓地去冲澡时，突然觉得自己的火气已退了大半。回到家，圣帆想了一夜，他想，或许是他的性格不适合做营销，所以总经理才未将他列入考虑。第二天，圣帆还是照常上班，即使有机会见到总经理，也一如往常地释出敬意，公事公办。

几日后，新的任命公布，圣帆晋升为研发部主管，他心中不禁暗自庆幸，还好那日好友带他去打篮球，否则今天他搞不好连工作都丢了。

从此以后，圣帆养成一个习惯，每当他在工作中遇到不顺利的事情时，他会告诉自己："等一等，如果真有发脾气的道理，到时再发作也不迟啊！"接着，他会通过运动宣泄一下情绪，再着手处理问题。这种方式让圣帆面对问题时不再因情绪化而做出使自己后悔的决定。

心理学研究发现，所有被我们压抑的情绪，都会用更强烈的力道反弹回自身，这股反弹的力量不一定会表现出来，却会对个人生理造成冲击，造成心脏、呼吸或肠胃器官的各种问题。可见，偶尔适当宣泄情绪，才能更好地管理情绪，无论是运动，或是向好友与亲人倾诉心中的烦躁，都会有帮助。

当你学会管理情绪，就会意识到，遇到冲突时，更显冷静的自己，不仅获得更多思考解决方案的余裕，同时，你的镇静形象也会对自己的工作或人生发展更有明显的帮助。

Changing know-how 改变自己的小窍门 18/30

把理直气壮，改为理直气和。

因为自己有道理，就理直气壮不留余地，这种态度往往会让本来有利于自己的局面变得不利；因为自己有道理，就不耐烦多做沟通说明，反而因急躁坏事，这样的情形在我们的生活中并不少见。事实上，我们要学会把理直气壮升级为理直气和，才更有利于事情的推进。

1. 在情绪爆冲之前，请先了解一下令人情绪波动的原因，与其因为不明就理就轻易和对方起争执，还不如干脆礼让他人，这可以帮助你修养心性。
2. 仔细想想，自己是否曾因道理站在自己这边，而将不满无限上纲，得罪他人，或是伤害他人呢？如果能理直气和，好好地和他人沟通，相信对方也能感受到你的诚意与理性，就有了对话的可能。
3. 说实在的，真的有这么多事情、这么多人，值得你生气，值得你将心思花在他们身上？如果能养成气定神闲的姿态，也许你的死结人生就能自然被打开。

Chapter IV

Section 4 挣脱追求完美的无形枷锁，让身心放松。

村上春树曾说：“所谓完美的文章并不存在，就像完美的绝望不存在一样。”

完美就像是一种包装美丽的毒药，让许多人盲目追求，不懈向往。你是否清楚，你追求完美究竟为了享受个中乐趣，还是只是因为本身的执着。过分追求完美让压力如影随形地跟着你，让你表现失常，结果，对完美的坚持并没能带给你完美的成果。

很多人都会随口说：“我是完美主义者，不能轻易妥协。”似乎这已经成为一种自我肯定的表达，不如此做，工作能力就会输人，生活质量就会变差。其实，当你给自己贴上完美主义者的标签时，不只会让自己举步维艰，可能还会因此失去那些愿意协助你的伙伴或友人。如果真是这样，那么，现在确实要好好审视一下所谓完美主义的问题了。

改变凡事要求完美的习惯，才能真正身心自在。

某知名汽车的广告词“追求完美，近乎苛求”让人印象深刻，这表示此车厂对于旗下的产品耗费了很多心力。但是，如果同样的话换到自己身上，你可以思考一下，如果你对自己的标准是苛求，那么你给人的印象究竟是正面的积极向上，还是负面的刻薄挑剔呢？

我周遭有几个朋友，总是不断追求极致，这往往让他们感觉压力过大，需要借助其他方法来纾压。

美琪就是追求完美的成员之一，前阵子有机会和美琪聚会，我着实地吃了一惊，我们才两个月不见，原本就偏瘦的她竟变得瘦骨嶙峋了。

“美琪，你最近压力很大吗？”我忍不住问道。

“对啊，换了新工作，连男友也一并换了。”美琪小心翼翼地放下她的香奈儿包包，对我展现她一贯的优雅微笑。

“你对之前的工作不是颇为满意吗？”我狐疑问道。

“之前的工作是还不错，但人生必须好，还要更好。”美琪似乎心有定见的回应。

我知道，对于工作，美琪一向非常执着，尤其是薪资和环境，这两项都必须达到她的超高标准。往往工作才上了轨道，一旦她发现这个公司有缺点，就会开始挑三拣四，似乎处处皆不称心，私底下又开始找寻更符合她标准的完美公司。

她对事业的这种态度，也同样反映在她的感情生活中。

不论身旁的人觉得她的现任男友有多完美，她总是觉得不足之处一箩筐，常常抱怨一堆。最重要的是，她希望对方能按照她的人生规划一起努力。刚开始交往时，男方会先耐心配合，但是美琪的要求永无止境，这不但让她自己喘不过气，也让她的男朋友很快逃之夭夭。

看着她单薄的身形，我忍不住问她说：“美琪，其实你有没有想过，人生除了完美之外，还有许多更值得你追求，会让你感到幸福的事情？”

“这我也知道，只是我要求极致习惯了，很多时候，要降低一点标准，我都无法说服自己。或许，等到我爬到人生的顶峰时，就可以让自己稍微喘口气了。”

但我很清楚，这是一条永无止尽的天梯，她最后只会筋疲力尽而已。就如同有些想要追求完美长相的人，愿意承受多次的整型手术与痛苦复原，最后，即使她已经比明星还标致，甚至美若天仙，她仍然不可能放弃。所以，当你认定自己是在追求完美的同时，可以停下脚步想想，现在追求的事情是否是你心里真正想要的，如果你能放下心中对完美的过度期待，或许超乎预期的成果就会浮现。

追求完美的过程，比臻于完美更令人感动。

那么，何谓完美主义呢？从心理学的角度来看，完美主义是一种人格特质，也就是这种人在个性中具有“凡事追求尽善尽美的极致表现”之倾向。美国心理学家巴斯科认为，具有完美主义性格的人通常有下列特性：注意细节、要求规矩，缺乏弹性、标准很高、注重外表的呈现、不允许犯错、自信心低落、追求秩序与整洁、自我怀疑、无法信任他人。

另一位心理学家埃维特曾经将完美主义性格分为三种类型：第一种是“要求自我”型，他给自己设下高标准，而且追求完美的动力完全是出于自己，也就是严以律己者；第二种是“要求他人”型，他替别人设下高标准，不允许别人发生错误，也就是严以待人者；第三种则是“被人要求”型，他追寻完美的动力，是为了要满足其他人（常见的是父母、师长、伴侣）的期望，因此他总觉得被期待要无时无刻都展现出完美的风范。

研究也发现，长期的完美主义性格对人的身心健康有很大的影响，常见的情况包括：忧郁沮丧（无法满意自己的表现）、焦虑（担心自己失败）、愤怒（对于不能达到完美无法释怀）、拖延（因害怕达不到标准而干脆逃避）、强迫性的行为（非得要做到完美不可），更严重者，甚至会出现自我否定、身心疾患、饮食失调等问题。

购物专家斯容是个对自己要求甚严的人，往往希望自己在工作方面的表现完美。有一阵子，原本负责销售3C产品的斯容，因为客户的要求，转而贩卖某些生活家电，这让自我要求很高的她，备受压力。后来，她发现自己在节目中介绍商品时，双手总不自觉的颤抖，记忆力好像也逐渐退化，心悸现象也愈来愈严重。求医后，才发现是因为压力过大造成了自律神经失调。于是，她开始试着逐渐放松身心，放慢脚步，发现给自己一点空间，反而会让工作表现更亮眼。

其实，不论最终达到的目标是完美还是不够完美，就看你如何吸收对自己有益的部分。至于何谓完美的人生呢？有人认为有钱、有车、有房就是完美人生。然而，当身体不健康时，这些完美就变得虚无缥缈了。

记得以前我有个朋友的小孩考试时，因为作文没写完而分数差强人意，她非常伤心。她是个很用功的学生，照理说题目写完并不难。后来才知道，她追求完美的个性，让她花很多时间想要把字写端正，一觉得歪斜，就擦掉重写。看到这里，大家就应该知道问题所在了。

在人生的地图上，我们会经历很多事情，追求完美或许是种习惯，或许我们可以把重点放在追求完美的过程中，享受追求完美过程中的努力与热情，至于结果是不是完美，反而可以不那么在意。

Changing know-how 改变自己的小窍门 19/30

有缺陷，并不等于失败。

具有完美主义性格的人有时会产生一些非理性的想法，例如“我一定要做得完美，否则会……”“我必须完美，别人才会接纳我、喜欢我”“如果我犯了错误，我就是个失败者”，其实，总用高标衡量自我，已让你的人生发生遗憾，要记住——有缺陷，并不等于失败。

1. 学会接纳真实的自己，有时候，拿掉完美主义的标签，或许反而能看到自己身上拥有许多可贵的特质，那才是属于你的潜在实力。
2. 每个人都会犯错，每个人也都有弱项，没有什么事情非怎样不可。掌握你可以掌握的部分，为你可以做到的程度尽力，就是一种成功。
3. 完美没有一个准则，它不像考试，一百分就是最好。因此，当你汲汲营营于追求完美之际，请停下脚步，想想这样的习惯带给自己的究竟是快乐还是抑郁，如果值得，就继续维持；如果不值得，试着一点一点放松，你会发现就算人生仍不够完美，但也已经很不赖。

Chapter IV

Section 5 和爱找借口的自己分道扬镳，让人生使命必达。

找借口的时刻人人有之，只是多寡之分。曾几何时，当面临失败，面临被责骂的当下，人们大多不是急着找出解决方法，而是先找借口，不管这个借口是合理还是荒谬，只要让自己不要陷入麻烦的旋涡里就好。

例如，当上司交代要交方案，期限已到却还未完成时，很多人会开始找一些借口，譬如，刚刚计算机有人在用，计算机故障没有储存等。只是，上司根本不会理会这些理由，他们只要看到方案，其余免谈。所以，与其花时间找一些冠冕堂皇或让人啼笑皆非的借口，不如想办法解决问题。

改掉爱找借口的反射动作，会让你更快拉近与理想目标的距离，因为你少花很多时间在想借口上，就会多花时间在改正上。

试着不找借口，迎向积极的人生。

在《洛克菲勒留给儿子的38封信》这本书里，石油大亨洛克菲勒和儿子分享："在我看来借口是一种思想病，而染有这种严重病症的人，无一例外的都是失败者，当然一般人也有一些轻微的症状。但是，一个人愈是成功，愈不会找借口，处处亨通的人与那些没有什么作为的人之间最大的差异，就在于借口。"

洛克菲勒希望他的儿子能够勇于面对现实，而不是遇到事情时只会找借口。因为只会找借口的人，往往都是输家。而且他也认为这是一种疾病，让人容易往失败的道路前进。

当你失败时，如果只是找借口推托，久而久之，大家就会对你很反感，甚至不想听到你任何辩解的话语，即使你说的是真的。

我之前有个失业的朋友，他陷入了对人生自怨自艾的长期僵局中。在这过程中，我曾经建议他去学计算机技能或是增强外语能力，毕竟很多雇主都会希望应聘者拥有计算机和外语的专长，但他总是以他很忙，没时间去学之类的理由推搪。眼看着他投出去的履历表毫无音讯，他更是紧张。有一天，久违的面试通知终于再度降临，朋友们都替他开心。

我们约好在咖啡厅等他，结果他一脸失落地前来。

“本来面谈时都好好的，结果对方问我打字能力，我就知道完了。奇怪，我应聘的职位又不一定要很会打字。”他继续抱怨。

“所以从今天起，你不如开始加强打字能力吧！”我鼓励他，因为凡事只要现在起步，永远都不嫌晚。

“再看看吧，我觉得是这个老板的问题，而且我又不一定会再找这方面的工作。”他又找到了借口。

虽然爱找借口看似问题不大，但有时候对人生的影响力可不小，毕竟，人生应该建立在追求正面美好的事物上，而不是培养自己找借口的能力，不是吗？

Chapter
IV

与其花时间想借口，不如花脑力找方法。

小时候，如果做错事情，小朋友怕被大人责备总会找一些借口来搪塞。然而，长大后，应该懂得负责任、明是非了，不能继续放任这种坏习惯，因为它将会变成你成功的绊脚石，人际关系的冰封岩。

找借口只是一个防御的手段，让自己免于被骂、免于丢脸。只是，当这种防御成为习惯时，就应该好好思考，究竟爱找借口会替自己带来转机，还是危机。

学生时代时，常常有上台报告的需要。我往往都会把内容全部背熟，把需要的数据都准备好，事先演练过，因此报告的成绩一直不错。不过我如果被分配到和艾尔莎同一组，就真的很头痛，因为大家私底下称她为——借口王。

记得有一次，我们分配好各自要找的数据和完成的部分，然后再由我统合汇整报告。结果到了要交报告的前几天，艾尔莎才告诉我，她最近身体不适，所以没时间找数据，因此她的部分完全没做。

压住心中怒火，我冷冷地问："这个任务是一个月前就分配好了，你何时变成药罐子，这一个月都不舒服呢？"

借口王脸色一变，继续说道："之前因为我要打工，所以没时间去找数据。"

"同学，你应该早点告诉我。"我一脸哀怨。难道我们除了这份报告，都没其他要忙的正事吗？

"我原本以为病情会好转，我又不是故意的。"艾尔莎仍然不觉得自己有错。

我清清喉咙说道：“其实报告我已经做完了。但我只写我的名字，你的部分自己看着办。”幸好我事先有准备，否则现在写也来不及了。

“我们是同组的伙伴啊！”艾尔莎突然放大音量。

“如果你能改变找借口的习惯，而去想该怎么做，我就考虑写上你的名字。”

我非常了解艾尔莎，所以当我完成我的部分时，连她的部分也一并写好了。只是，我希望她能改变这种习惯，因此才会故意让她紧张。艾尔莎其实也知道自己的坏习惯早广为人知，她只是点点头，不发一语。

人生中难免遇到失败和挫折，当面临这些情况时，与其找借口让自己好过，不如找出解决方法。改变自己这种爱找借口的习惯，不但可以让你更懂得如何处理事情，也会让你与人相处更融洽。

Changing know-how 改变自己的小窍门 20/30

为自己找借口的人，永远在原地踏步。

想一想，当你被别人质问或指责时，你的第一个反应是先为自己找借口，还是反省自己究竟哪里有错？要记住，利用借口来填补自己的缺失，缺失的洞还是永远留在那里。因此，真正能够帮助你脱困的，并不是替自己找借口，而是寻找解决问题的方法。

1. 虽然大家心知肚明，找借口只是种为自己开脱的习惯，不过一旦发生问题，仍然会忍不住一再解释。那么从今天起，当你又要替自己找借口时，先想一想“我该怎么补救”，改掉文过饰非的习惯，会让自己更受欢迎。
2. 真正的原因和借口看似只是一线之隔，但大家都可以理解造成问题的原因，也分得清什么是推搪的借口。不要做总找借口的人，这样你就永远得不到提升，你的人生自然只能原地踏步。
3. 李嘉诚曾说：“可怜之人必有可恨之处！ 这一生中不是没有机遇，而是没有争取与把握！借口太多，理由太多……！争取之人必竭力争取，即使一分钱都没有，也会千方百计想办法！不争取之人，就算给他一百万也可能会一败涂地。”

Chapter V

Changing step 4 改变步骤四

寻求正面思考，让好习惯主导人生！

Chapter V

Section 1 摒弃消极灰暗的想法，努力摆脱负面思考的惯性。

当一个人习惯负面思考时，连眼睛所见的景色都会变得萧瑟，天空也会变得阴暗，达成目标的可能性也自然更加微乎其微。反观，当一个人有正面思考的习惯时，他的人生局面则是截然不同的。

一个人喝了半杯水，正面思考的人会说："太棒了，我还有半杯水。"而负面思考的人，则会认为："惨了，我只剩下半杯水了。"一样的情形，因不同解读，必然会产生不同的结果。

你是习惯负面思考的人吗？

剑桥大学在2005年就成立了正面思考研究中心，而哈佛大学也在同一年度开设了非常受欢迎的正向心理学课程，由此可见正面思考之于人生的重要性。懂得正面思考的人，即使物质匮乏，也能孕育出丰盛的心灵；总是被负面思考缠身的人，即使拥有一切，也很难拥有成功快乐的人生。

之前我曾认识一个富二代千金郁晴。

郁晴没有金钱的忧虑，因为她有花不完的零用钱。她也没有功课的烦恼，因为她成绩优异。但因为她习惯负面思考，所以常常看起来闷闷不乐。

有一次，她爸爸突然送给她一辆车，朋友其实都很羡慕，然而，她却表现得很冷淡。

“这是亲情的补偿，因为他很忙，没时间陪我。”父亲的善意经她解读后，变成了伪善。

“你的想法可不可以不要那么负面？你这么幸运应该要偷笑了，我爸也很忙啊，也没时间陪我，但我还是要自己打工赚学费。”心直口快的小明，忍不住回道。

“但是我不喜欢开车，万一和别人擦撞怎么办？”郁晴满脑子都是悲剧的情节。

“这有什么好烦恼的，大不了我当你的司机。”小明挺身而出。

“其实，你只是想借机开我的新车而已吧！”郁晴不假思索地回答。

这种情形，也并非第一次发生。

因为郁晴毕业后会继承家业，许多人都抱以羡慕的眼光，只有她依然负面地响应：“一点都不好，我对这个行业其实没兴趣。”

“起码你金钱无虞啊！”对于必须自己自足的人，郁晴这点的确让人欣羡。

“那有什么好？很多人都会为了钱而有目的地接近我，利用我，这样很难交到真心的朋友。”这句话再度让气氛凝结，几个朋友未再发言。

久而久之，或许都受够了她这种负能量，渐渐大家都选择远离她。时间一久，她身边的朋友愈来愈少了。

就如同我们其他的恶习一样，负面思考的习惯是日积月累形成的，那么我们自然也可以通过不断的练习与实践，让自己的想法更正面。当你的思考转为较积极时，就会发现许多事情其实都能够迎刃而解，烦恼也会减轻许多。

有一次，我们一群朋友开车出游，因为大家聊得太开心了，不小心开错路，这时有人抱怨浪费时间，但也有人认为，这一定是巧妙的安排，果不其然，在绕回正确道路的小径上，我们看到了难得一见的风景。

一样的情况，因为不同的思考惯性，能带给你不一样的心情。当你正面思考时，能从苦咖啡中品出芳香；但是当你陷入负面思考的泥淖时，就算一桌珍馐当前，仍嚼之无味，何必呢？

从负面思考的习惯中跳出来。

养成负面思考习惯的人，看待世界，常常是灰暗、惨淡的，养成正面思考习惯的人，面对重重困难，都有解决的办法，因为正面的力量，让他们相信事情有无限的可能。

二十世纪伟大的作家与教育家海伦·凯勒曾说过："不要想今天的失败，而要想明天可能会来的成功。"她一生中眼不能见，耳无法听，但这些痛苦却没有打败她，让她不肯面对人群。相反的，她将这些苦痛转换成对人生深度的砥砺，再进而转化为正面的能量，传递给世人。

微软创办人比尔·盖茨曾经说过："人生本就不公平，你要习惯它。"与其因为不得志，就对人生抱着消极、灰暗的想法，不如在适度的宣泄情绪后，好好地想一下该如何重新出发。只要你一直保持不懈地成长，机会永远会留给准备好的人的。

Changing know-how 改变自己的小窍门 21/30

练习将正面的信念持续灌注于生命中。

如果你曾经因为负面思考的习惯而让自己错过许多机会，那么何不偶尔试着化悲愤为力量呢？正面思考和逃避现实并不一样，千万不要以为这只是给自己找一些好过一点的借口。正面思考其实给了自己一种即使跌倒了也能重新爬起来的力量。那么，究竟该如何把正面的信念注入我们的生命之中呢？

1. 试着了解自己正面思考的时候多，还是负面思考的时候多，如果你是负面思考者，就要练习在思考和谈话中多用鼓励、称赞的话语，少用批评、冷漠的言词，试行一阵子之后，你自然会回收到正面的回馈。
2. 请用吸引力法则提醒自己，你有多么正面思考，心中愿望实现的几率就有多大。
3. 不可讳言的，每件事都有正面和负面两面，所以，不必拘泥于事情的本身，路不转人转，有时候你会发现，原来人生虽然绕了远路，但沿途的风景却比预期中的更美好。

Chapter V

Section 2 以安排处理事情的顺序为例，正面思考有方法。

当我们的手边出现一堆事情待办时，如何列出处理顺序，就变成一门学问。

有人习惯先做感兴趣的事情，把讨厌的事情留到最后，万不得以才去做。此时，身心疲累的自己，对不感兴趣的事情，更提不起劲，结果效率差，时间拉长，心情就会受到影响。因此，有人提倡，从自己厌恶的事情做起，效率会愈来愈好，即使一开始会很容易烦躁，但等做完这件烦人的事，后面就可以做自己喜欢的部分了，达标率自然会提高。

你可以试着想想，就像做家事一样，若是你先把较轻松的部分完成，最后还要做那些更需要体力的苦差事，你或许就决定干脆不做了。只是，如果这种情况出现在工作之中呢？此时若是放弃不做，就变成了逃避，继而会造成更严重的问题。如果在你充满动力时，就鼓起勇气面对困难，实际着手之后，反而有可能会发现，原本讨厌的事情根本没有想象中那么糟嘛！

把喜欢的事，放到最后再做。

国际知名的励志演说家与畅销书作家博恩·崔西在《想成功，先吃了那只青蛙》一书中，曾提过自己处理事情的先后顺序。他鼓励我们先从最大、最难、最令人厌恶的事情做起，把最难的先解决掉。一旦你完成最不想做的事情后，接下来的时间，你就会有松一口气的感觉，让自己用愉悦的心情，好好享受工作生活中自己喜爱的环节。

大炜觉得自己常常被上司盯紧工作进度，让他萌生离职的念头。有次我们聊天时，无意间才发现，原来每天早上大炜都先把自己喜欢的事情做完，到了下午，因为心生排斥，所以就开始拖时间，等他懒洋洋地拖到下班时间后，就装做若无其事忙了一天的样子，赶着回家。

久而久之，主管发现似乎只能交给大炜比较简单的工作，因为只要把稍微复杂一些的任务交给他，到最后都会被延误，不得不易手给其他同事，为此，也引起了其他同事对大炜的怨言。

后来，我建议大炜试试先完成最不想做的事，每天刚开始上班时，选择先做最不想做的那件工作，不过，即使一天完成不了，也要正常下班，给自己适当的休息时间，等到第二天，养足精力再继续和这件令人厌烦的事奋战。

大炜听了我的建议，更换了处理事情的顺序，每天一上班就逼自己优先处理难度比较高的事，结果，他花费不到一周的时间，就完成了这件他原本认为不可能的任务。相对地，剩余的时间，他就可以用最愉快的步调，去做那些对他而言很顺手的事。

结果，他的工作效率莫名的提高，工作兴致也愈来愈高，甚至偶尔还有余裕协助同事。他自己一点没料到，只是简单修正一下安排工作顺序的习惯，不仅让他恢复了对这份工作的自信，也对未来有了更多的抱负与计划。

因此，试着从今天起，改变一下自己处理事情的习惯顺序，先做那些看似“和青蛙一样令人恶心”的事，确实地执行完成后，再做自己比较上手或喜爱的部分。渐渐的，你会发现原本各种拖延的情况获得了改善，你对于各种事务的参与热诚也逐次会提高。

直接处理最棘手的问题，问题的难度反而会降低。

人的心情会一直处于纠结的状态，或者是习惯于负面思考问题，有时候是因为无形的压力一直难以排解。譬如，你想到报告还没打，恼人的公事还没联络，又因为你心中出现抗拒，总是把讨厌的事情留到限期将至才心不甘情不愿地处理。这种情形之下，一味鼓励自己用正面积极的方式思考问题可能作用不是太大，此时，应该找到正确的处理问题的方法，排解掉困扰，自然有助于摆脱负面情绪。

怎样才能让自己有力量选择先做讨厌的事情呢？举一个关于用餐顺序的小例子，或许较有助于你的理解与接纳。

记得我小学时，老师每天中午都会要求同学把午餐吃完，并在午休前，一个一个排队检查，绝对不容许我们随便浪费食物。由于难免遇到不喜欢的菜色，所以我常常觉得内心很煎熬，甚至开始对于吃中饭这件事倒尽胃口。

当时，我邻座的同学小甄，教给我一个秘诀，先吃掉不喜欢的食物，最后再吃爱吃的食物。假如你喜欢吃蛋，讨厌韭菜，你先吃了蛋，一想到之后要吃韭菜，心中便有一股压力，如果把这顺序调换一下，先吃掉讨厌的韭菜，再吃喜爱的鸡蛋时，会更觉美味。我试用后，果然更享受吃午餐的时刻了。

将这种方式应用到工作上，直接处理自己觉得最棘手的问题，找对了工作顺序，提升了工作效率，释放了压力的同时，自然也可以把我们思考问题的方式导向正面。

Changing know-how 改变自己的小窍门 22/30

率先处理艰难任务，拥有更多应变时间。

困难的任务，尤其是你所排斥的困难的任务，通常会占据你更多的工作时间，如果将它们一拖再拖，最后往往都无法完成。在你的任务清单中，把困难的任务排在前面，先着手完成，不仅完成的机会高，同时也留给了自己更多应变调整的时间。

1. 当你觉得要先完成厌恶的事情，刚开始可能心里会很排斥，然而，在过程中，只要想到自己已经逐渐克服了最困难的部分，越来越接近完成目标，心理的抗拒也会慢慢减轻，你的工作能力也会在无形中提升。
2. 先处理困难的任务，当这个任务基本完成后，你一定会有松一口气的愉悦感。接下来，处理简单的或者你喜欢的工作，这个过程中你是享受的，也更能打开思路。这时，如果你还有时间余裕去返回头看看那项困难的工作，也许就会产生更多的灵感和想法，这时，也许你能把这项工作的完成结果从及格提升到良好，从良好提升到优秀。

Section 3 掌握潜意识的影响力，从悲观的束缚中解脱。

现代精神分析学派的创始人奥地利心理学家弗洛伊德提出了潜意识的概念，经过后来的心理学家们的深入研究，潜意识的理论日渐成熟。我们每天都会受到不同程度有形或无形的刺激，这些刺激引起我们的注意并令我们产生不同程度的反应，有意识接收是人脑对周边事物的刺激有知觉地接收，而无意识接收是人脑对周边事物的刺激不知不觉地接收，这就是所谓的潜意识。

通过潜意识的修正，确实有可能改变人的行为和命运，因为我们在潜意识中把自己想成何种人，就可能会成为那个样子的人。因此，若能掌握潜意识的影响力，就能引领自己从不良习惯的束缚中脱困。

改变自己的认知习惯。

学者约瑟夫·墨菲在他的著作《潜意识的力量》一书中提到："潜意识的力量是不可限量的，它会启发你、引导你，会从记忆的储藏库中唤出清晰的景像。"

科幻电影《全面启动》曾引起许多人的关注和讨论，因为片中探讨了潜意识和梦境的关系。电影的故事中，一组团队能够侵入他人的梦境，窃取深藏在别人脑中的机密，甚至是将一个新的想法放入别人脑中。然而，侵入他人的潜意识也带入了自己的潜意识，结果造就了意识与记忆的迷宫，最后情节发展成为一场庞大的心理治疗，整个电影实际上展现了角色超越心理伤痕的救赎过程。看过这部电影的观众也许会问，我们真的能通过掌握潜意识，改变人生、改变命运吗？

我们运用潜意识的第一个方法，就是不断地想象，改变自我内在的影像；第二个方法，就是要不断地自我暗示，或是自我确认。

假设你想要成功，就要用心念告诉自己："我会成功，我会成功，我最终一定会成功。"

假设你想赚钱，你就要心想："我很有钱，我很有钱，我一定会很有钱。"

假设你想要让自己的业绩提升，就告诉自己："我的业绩会不断地提升，我的业绩一定会不断地提升。"

将心愿不断地经由你的回想，反复地输入，当你的潜意识可以接收这样一个指令的时候，所有的思想和行为都会配合这个想法朝着你的目标前进，直到达成目标为止。

修改剧本，做自己的人生导演。

潜意识心理学权威约瑟夫·墨菲曾表示："潜意识是你的理想、抱负和利他冲动的来源。莎士比亚之所以能够察觉、传播当时一般凡夫俗子所看不到的伟大真理，这都是潜意识的功劳。"

当你的意识相信了某个理论，潜意识就会产生同样的想法，认为它是真的。当你执着于你拥有比别人差的人生，很不幸的，你的潜意识也会把它当成是真实的。因为潜意识并不会和你互辩，当你心底觉得你无法完成这个使命，潜意识就会慢慢地将之变成事实。如果你一直心生恐惧和悲观的想法，慢慢的，失败的几率也会变高，人也会变得失去自信。

我有一个同事亚郡曾经出国留学几年，因此英文很不错，但她却不太敢开口说。很多人会觉得留学生都比较开朗活泼，不过，这些形容词却无法用在她身上。她总给人一种阴暗、缺乏自信的感觉。

当我跟她聊过天后，才发现她的潜意识里，对于自己的人生充满了不确定和不幸感，让她下意识地认为自己是个灾星。

例如，她某次出国时，曾经在赌场赢了十几万，大家都觉得她很幸运。“不过我一星期就把这笔钱花光了，之后反而遇到很多倒霉事。”其实，这根本就是不相干的事，然而，她的潜意识却告诉自己，都是因为拿到这笔意外之财，霉运才会接踵而至。

有一次，她随口说了句英文，我们才发现，其实她的发音很不错。只是她缺乏自信，所以在潜意识里告诉自己，不能随便开口说英文，否则会被人笑话。久而久之，这些都变成真实事件，直到那次，我们发现她的英文口语能力很好，此后不断鼓励她，才让她渐渐有了点自信。

人生中，没有人会一直陪在我们身边，所以我们必须成为自己的激励教练。从你的心智上改写剧本，对自己的精神喊话。每个人在成长的过程中，不知不觉都会接收许多负面信念，这些负面信念只有一小部分会被你察觉到，绝大部分都储藏在你的潜意识里。也许你已储藏了许多负面信念，而这些信念也正悄悄地影响着你，你却可能毫不自知。现在你就要开始发挥潜意识里正面的能力，在别人未对你产生信心之时，优先信任自己，未来杰出成就的人生蓝图，就在等待着你进入。

Changing know-how 改变自己的小窍门 23/30

潜意识能帮你实现你想都不敢想的愿望。

美国心理学家之父威廉．詹姆斯说过：”十九世纪人类最伟大的发现，不在自然科学领域，而是人们的潜意识在信仰的触动下所产生的力量。每一个人都蕴藏着无穷的潜力，他可以战胜世上任何困难。”一旦你知道自己足以战胜任何弱点，认识到你的潜意识能解决你的所有问题，能治愈你的身体，实现你的梦想，甚至你想象不到的梦想，真正持久的幸福就会来到你的生命中。

1. 试着了解自己的潜意识，多多说服自己：“我可以，我做得到。”久而久之，你会发现自己真的变得不同以往。
2. 多多观察自己，是否在潜意识里一直在告诉自己不想改变。如果是这样，遇到新事物的时候，你就总会不自觉地排斥，这时，也许正是你的潜意识在发挥作用。所以，试着了解自己真正的想法，会更有助于自我改善。
3. 潜意识是很特别的，当你相信自己能够办到，达标率就会大增。相反，如果你告诉自己一定失败，那么结果可能就真是如此。所以，善用潜意识的正面力量，心理的包袱也会相对地减轻许多。

Section 4 启动正面思考，用自信成就人生。

“股神”巴菲特的小儿子——美国知名音乐家彼得·巴菲特曾在《做你自己》一书中谈到，有时家境富裕的人会以为自己出于某些与众不同的原因，才能出生在物质无虞的家庭，因此他们对自己的人生，常拥有一股我比任何人都优越的自信。但是彼得·巴菲特认为，每个人之所以出生在不同的家庭，一切只是因为几率而已。

如果你把自己的自信依托在财富、地位之上，当你失去这些光环的时候，你的自信心也会随之消亡，就好像一个人把房子盖在悬崖之上，当山壁崩塌时，再稳固的屋子也必会毁灭。

然而，要怎么做才能由内而外，为自己建立扎实的自信心呢？

当然，踏实的努力是自信最主要的根源，你也需要启动正面思考，给予自己我可以做得到的自信提示。古往今来，因充满自信而获得成功的人不计其数，而对自己缺乏信心最后惨遭滑铁卢的人也比比皆是。

事实上，这两者之间的差距在于，缺乏自信的人，无论处于顺境或是逆境，都对人生充满了犹豫与怀疑，在面临抉择时，他们都会犹疑不定地问自己：“像我这样的人有可能成功吗？我大概难担此重任吧！”于是，在自己还没着手处理问题前，就先从心底否定自己。当带着怀疑的态度时，即使问题没那么困难，也会因为不断加强我无法处理的心理暗示，使他们无法找到问题的症结，最后只能无功而返。

相反地，对自己有自信的人，无论身处何境，都会告诉自己："我一定可以胜任，我最后一定可以想出办法解决问题。"于是，他们在行动的过程中，也始终带着这样的信念，用积极的心态，想尽办法渡过眼前难关，所以最后他们通常都能如愿以偿。所以，当两个人的实力不相上下时，决定胜负的关键往往取决于——谁对自己更有信心。

正向思考的真正"秘密"。

前几年普遍引起关注的吸引力法则和因此在全球热销超过1500万本的《秘密》一书，所强调的重点都在于正面思考能让你心想事成。也许，因为商业化的操作手法，让许多人只专注在"心想"就能"事成"上，但事实上吸引力法则真正强调的是正向思考对建立自信心的影响力。

我曾经对一个总是非常清楚自己人生要做什么的朋友说："你仿佛与生俱来就对自己的人生充满信心，从我认识你以来，从未看见你怀疑自己！"

但是，他却在几经思考后，微笑着告诉我说："其实，人生在每一个阶段都会有不同的际遇，我过去也曾经因为难以排解的心结而失落过，上学时，一心只希望未来步入社会以后能有一个收入稳定的工作，而不用在梦想与现实中载浮载沉。后来，我不断努力增进自己的能力，在经过很多事情的历练后才发现，一旦确立'我可以胜任'的想法，就能看得见处事的诀窍，这就是我之所以能依靠自信成功蜕变的原因。”

有这样一个有趣的例子，如果你相信太靠近电风扇会被吹得脖子变僵硬，你的潜意识就会让你的脖子变僵硬。其实让你脖子不舒服的，并不是电风扇的转动，那只不过是无害的分子能量以高频率在旋转罢了；罪魁祸首是你的错误信念，风扇本身不会害人。

台湾知名女作家倪采青曾在博客上分享她的成功经验，考大学的时候，她为了能在台大外文系以及语言所榜上有名，考前连续熬夜，每天晚上读书到隔天凌晨，而她付出的这些努力的动力，正来自于她想上榜的强大信念。

可见，在人生努力的过程中，给予自己信心和努力付出，两者的关系是相辅相成的，吸引力法则固然可以帮助我们增强内心的自信，而发奋努力也是不可或缺的要素。如果你目标清楚，加上充分的自信和不懈的努力，自然能够实现心中的理想。

就好像美国深受肯定的精神治疗医师巴登·高史密斯所说：“过去点点滴滴的成功、骄傲和肯定，就像种子：如果你种下种子，给予它们阳光和水分，你就会对自己所做的事更具信心。”所以，只有通过实践自我期许，和信任自己的能力，才能造就出一个自信的人生。这才是吸引力法则中所隐含的真正秘密。

遇到问题，要相信自己一定能解决。

当我们在人生的广阔海洋中航向自己的未来时，无处不充斥着惊涛骇浪和不可预知的危险。即使我们渺小如一叶扁舟，但只要以自信为帆，扬着帆乘风破浪，就能冲破种种艰难险阻，顺利抵达理想的彼岸。

昕恩研究生毕业后，去参加一家大型公司的人才招聘会，但他却在第一阶段笔试时就被刷掉了。如果是别人，也许会抱着“此处不留爷自有留爷处”的想法，继续向别家公司投履历，可是昕恩非常想知道自己为何连第二阶段面试都无法参加。于是他仔细思考了几天，终于鼓起勇气，拜托公司秘书务必帮他约见面试他的那位总经理一面，在经过了数周的等待后，总经理终于愿意抽出三分钟的会面时间，解答他的问题。

到了约见当天，总经理原以为昕恩只是想死皮赖脸地谋求一职，于是他对昕恩说：“这是公司的人资部门经过讨论后的决定，即使你来找我，我也无法对你有什么直接的帮助。”

昕恩说：“总经理，我只是希望当面告诉你，我才是最合适这个职位的人选。”

总经理不可置信地说：“为什么你会有这样的想法？难道你的经历与学历都无可挑剔吗？”

昕恩摇了摇头继续说：“我不认为学历高就一定是最适合这份工作，一个有丰富工作经验的人，有时候会比一个只会念书的人更有用，而我更是一个综合了高学历与多样工作经验的人。自从大学时代开始，我每天课后就在各处打工，所以和普通的学生相比，我的工作阅历更多。最重要的是，我先前曾在贵公司最大的竞争对手内部实习过一段时间，对他们技术上的优势和劣势，曾做过深入的探讨和分析，而这应该是你们公司现在最需要的信息。以上就是我认为我能够胜任这个职位的理由。”

总经理听完后，面带微笑地说：“无论你是否真的那么合适这个职位，你真正打动我的地方，在于你的自信。一个相信自己能力的人，在遇到问题时才会积极解决。我会向人资部门专函推荐你出任这个职缺，回去等他们的回复吧！”

虽然每个人都无法预知未来会遇到什么风浪，但仔细观察那些惧怕未知的人，就不难发现，他们总是以我不行的态度面对问题，未战先降。所以无论何时，都要记得告诉自己：“这件事我一定有办法可以解决。”替自己注入一剂长效的强心针，持续为你的人生提供进化的力量。

西方哲学的奠基者苏格拉底曾言：“一个人是否有成就，要看他是否拥有自尊心和自信心这两个条件。”

如果你想成为一个生活与事业都有斩获的人，那么就适时停止负面思考的习惯，从一点一滴的正面思考中，累积你对自我的信心，并由此敲开生活与事业的成就之门。

Changing know-how 改变自己的小窍门 24/30

告诉自己拥有解决问题的能力。

当你面对未来感到彷徨无助时，可能会不自觉心生畏惧而裹足不前，或是还未努力到最后，就先自乱阵脚。如果你想要顺利渡过难关，只要在适当的时机，加入一些正向思考的心念，事情一定有转寰的契机。

1 如果你想要增加自信，请把“我一定可以”当成口头禅。当你开始逃避看似麻烦的问题时，告诉自己：“我可以！”才能撑起内心软弱的意志，让自己变得更加坚强。

2 当有人赞美时，千万别说是因为你的运气好，也不要怀疑别人对你的赞美，你就该大大方方接受，专心听完别人对你的赞美，并把这份荣誉感放在心里，当你没信心时，就拿出这美好的经验替自己打气。

3 学会坦然面对失败，也能让你建立自信，要谨记放弃了才算失败，只要努力过，失败其实是成功经验的积累。

Section 5 重复正面的信念，让目标自动靠近自己。

正面的力量，对我们一生的影响力非常深远。当一个人，不断用正面的话语鼓励自己，久而久之，事情自然迎刃而解。相反，如果他不断地以负面的观念，灌输自己“会失败”“改变习惯不容易”“不需要勉强自己”等想法，日积月累，再有自信的人，也会开始怀疑自己的能力。因此，不断灌输自己“不管做什么，我都会做得很好”的正面信念，会带动你积极行动，让你自身拥有超强的磁场，人生目标就会如被吸引的铁钉般，自动向你靠近。

让内心的想法，从我会失败改为我会成功。

澳瑞森·梅伦曾说：“人类心灵深处，有许多沉睡的力量；唤醒这些人们从未梦想过的力量，巧妙运用，便能彻底改变一生。”这些力量，可以带领你穿越千山万水，踏遍荆棘阻碍，达到你想要到达的彼端。

有人曾向成功者请教成功的秘诀。成功者表示，他成功的秘诀就是天天用“成功”这两个字造句。

在他童年时，老师曾让同学们用“成功”造句。

当时有的同学造的句子是：“我渴望成功。”

有的同学造的句子是：“我需要成功！”

有的同学造的句子是："我无法成功。"

而这位成功者造的句子却是："我能成功！"

而且，成功者每天早晨醒来的第一件事，就是在心里重复这句话："我能成功！"时间一长，他把"我能成功"这句话对自己重复了无数遍，他成功的影像也在心里播放了无数次。

虽然他也曾经失败过，但最后他还是一步步走向了目标，是正确的方向加上正确的信念，再加上正确的努力，最终使他实现了理想。所以我们知道，重复就是力量，成功信念的重复，带来了真正的成功。

成功者每天会对自己重复："我能成功！"而失败者则每天对自己重复："我会失败。"既然花同样的时间，都要做同样重复的自我对话，我们为什么不多对自己重复几遍"我能成功"呢？

积极的信念会让你的人生反转。

人生似乎本来就不公平，有人家庭和乐，有人家财万贯，有人家徒四壁，有人流离失所。那么，与其抓着人生好不公平这个观念每天抱怨，不如将负面思考的习惯转成正面思考的信念，即使不公平又如何，生命因有戏剧性反而更增添人性的光采。

我以前有一个很要好的同学艺君，她家境富裕，但是父母亲非常严苛，总是对她的一切予以否定，因此她很羡慕我拥有一个和乐的家庭。

有一天，我晚饭过后去她家玩，看到她一副有气无力的样子，我吃惊地问道："发生了什么事情？"

她回答："我快饿扁了，因为我弟还没回来，所以我必须等他回来一起吃。"

后来，我才知道，艺君的母亲只对她严苛，对她弟弟却照顾的无微不至，重男轻女的观念十分严重。因此，她有心事只能跟我们说，和她母亲之间的距离也日渐遥远。

也许是长期的委曲和压力，让艺君的性情也开始产生转变，变得愈来愈叛逆，变得和我当初认识的充满理想抱负的她完全不同。她甚至开始出现一种逃避的想法，毕业后想马上结婚，远离这个让她充满负能量的家。就如同开水之所以会煮沸是因为不断重复加温的结果，艺君的人生发生极大的翻转，也是因为不断重复接收到家庭否定力量的结果。

所以，每天不断重复的习惯，对我们人生的影响力不容小觑。不断重复的好习惯，与不断重复的坏习惯，会将你推入人生的两种极端。所以，一定要建立积极的信念，摒弃负能量的思考，反转你还不完美的人生。

Changing know-how 改变自己的小窍门 25/30

用正面的重复暗示进行心理重建。

在遭遇到人生的挫折时，如果一味让自己沉浸在负面的想法或习惯中，人也会愈来愈不得志。在这种情况下，更要为自己不断注入正面信念的暖流，告诉自己："跌得愈深的人，通常能爬得愈高。"用这样的想法来持续激励自己。

1. 知道的不算，做到才算。比如你明明知道面对客户愈是自然、大方愈好，可有时就是做不到，这是因为你还没有形成这样的行为习惯。这时，你要不断提示自己："放松能带来好结果。"当你见证了几次随之而来的好结果，也会更懂得如何放松。
2. 失败的时候，与其在那边闷闷不乐，不如开始写"我的快乐清单"，逐项列出让你发自内心感到快乐或幸福的人事物，原来你拥有的这么多，何必为了一个人、一件事这么和自己过不去。
3. 潜意识是你的内在听众，但你必须说它听得懂的语言，否则，它不会理睬你所说的话。想成功就要给自己正面积极的简单暗示，比如："我充满自信！"这样才能产生较好的效果。

Changing step 5 改变步骤五

Chapter VI 拒绝半途而废，让自己再也不轻言放弃！

Chapter VI

Section 1 到底要坚持多久，才能形成反射性的习惯？

也许，我们大部分人都深陷在这样的矛盾纠结中——明明自己已经决定了最好的行动方案，但实际却做出全然不同的行为，甚至知道自己有一些坏毛病应该要做什么去改善，却又偏偏不展开行动。不良习惯就像无形的锁链，一开始套着我们，让我们难以察觉，当我们发现时，它已经牢牢地锁住我们的生活。当我们好不容易踏出了改变的第一步时，或者实际上已经做出了不少改变，但又因为不能坚持而中途放弃，让一切又回到了原点。

要用多久的时间才能让自己的改变持续保鲜？在前文我们提到过的美国著名整形外科医生马克斯韦尔·莫尔兹研究发现，一位截肢的病患平均需要21天的时间才能适应新装的义肢，所以他由此推论一个人的习惯需要21天的时间才能真正养成。这个论点也很快就被众人所接受，因为用21天来养成一个新的习惯看起来似乎很容易，但事实上，真的每个人都可以用21天重塑新的自己吗？

究竟要用多长时间才能养成一个习惯？

长期研究惯性行为的伦敦大学健康心理学家勒理和其研究团队设计了一项实验，希望可以找出人们养成习惯的确切时间。于是，她们针对96位参与实验的人做了一个为期12周的习惯养成记录。

过程中，每位志愿者可以自由选择一项新的习惯，研究目标是让志愿者持续这个新习惯，并且维持12周的时间。而且，志愿者必须每天向研究团队报告他每日的身心状况，记录自己当天是否有完成这个举动，并回报行为惯性化的程度。

有些人选择的习惯比较简单，比如餐后喝完一瓶水，也有人挑战比较难的任务，比如在吃晚餐前跑步15分钟。12周过后，研究人员分析记录数据得出了养成新习惯所需要的时间。最后的答案是，我们养成一个习惯平均约需要两个月的时间。

同时，研究人员发现，养成一个习惯所需的时间，会受到很多因素的影响，比如习惯的难度不同、每个人的性格和所处的环境不同，都有可能影响养成习惯的周期。如果将以上的复杂因素分别加入实验的数据中，那么我们养成一个新习惯所需的时间区间，大约在18天到254天之间。

换言之，当你有心培养一个新习惯时，事实上可能需要2到8个月，而不仅止于21天。研究人员还发现，在形成习惯的过程中，如果期间有一天、两天没有重复这个行为，对习惯的养成也不会有太大影响。

因此，你实在不用再为自己坚持了几个星期却还没养成一个好习惯而自责了。因为习惯的养成本来就不容易，别给自己太大的压力。在培养习惯的过程中，也不必因为一、两天没做到，就对自己求全责备，要给自己一些犯错的空间，多用鼓励取代自责，就会看到自己的逐渐进步。

其实，到底是50天还是500天才能养成一个习惯，并不那么重要，想要养成一个好习惯，最重要的就是马上开始，坚持不懈，把自己的专注力投入到改变这件事上。只有这样才能让自己在没有太大压力的情况下，顺利完成自我改造。

最重要的是，你是否真的想要改变。

其实，我们都不用太过在意上述实验得出的结论，重要的是我们要督促自己行动起来。如果一个人每天坚持完成同一件事，持续三个月之后，就会觉得自己对此已慢慢形成习惯；如果再持之以恒地做下去，而且自己在过程中也不断享受到好习惯的反馈的话，在一年过后，如果你突然有几天没办法做这件事，可能还会觉得全身不自在。因为这时，做这件事已经成为你的习惯，已经自然而然变成一种心理上的制约。

有一个人，拥有健康的体魄，却穷得一无所有，并且始终没有找到致富的诀窍，每一次投资都以失败而告终。另一个人是个富翁，他虽然拥有亿万财富，却体弱多病，原因是他把握住了投资机会，却对养生不以为意。

有一天，这两个人双双来到了上帝面前。

穷人非常羡慕富翁，他对富翁说："你虽然体弱多病，但是你有无数的财富可以享用，是个多么幸福的人啊！"

有意思的是，富翁也十分羡慕穷人，他说："你虽然一无所有，却拥有千金难买的健康，可以尽情地出外旅行，享受大自然的山山水水，比我幸福得多。”

于是，两人对上帝说：“要是我们能对换一下该有多好呀！”

上帝说：“那就要看你们是否拥有改变自己的能力了！如果不能改变自己的习惯，即使我让你们对换了，你们也未必能够维持。不信我就替你们对调一下。”

两人都欣然同意。于是，体弱的富翁拥有了健康，而健康的穷人掌握了投资的秘籍。两人又重新回到了各自的生活轨道中。不过，虽然富翁暂时有了健康的体魄，但是他仍然无法抵挡外在的诱惑，忘记了上帝的忠告，夜以继日地投入到自己的事业当中。于是他迅速地累积了比过去更多的财富。但是不久之后，他的健康又亮起了红灯。至于那个变成了富翁的穷人呢？即使他拥有了巨额的财富，当投资机会来临的时候，他依然无法察觉先机，随着时间的推移，财富又被他逐渐消耗殆尽了，于是，他又变回一个穷光蛋。最终，他们都被自己的习惯打败了。

所以，到底实际需要多久的时间才能成功形成一个习惯，或许只是可以作为一个改造计划的参考。让习惯真正深化的关键因素，还是在于你觉得做这件事对你的意义有多大。唯有发自内心地想要改变，你才不会把持续改进的过程当成磨难，反而会把这个过程视为一种到达梦想的必经之路，去感受它，享受它。

Changing know-how 改变自己的小窍门 26/30

100天的自我改造大作战，现在开始！

现在，让我们即刻开始一个为期100天的自我改造计划，你可以先给自己设定一个比较简单的目标，像是“试着每天早起三十分钟”“每天提早一小时睡觉”等。下面，让我们看看这个100天计划具体如何实施。

1. 不必一开始就想要更正自己的所有不良习惯，从比较简单的开始，并像处理必须完成的工作清单一般，把你要做的改变罗列清楚，让自己对自己的改造计划心中有数。
2. 接下来，以日为单位，每天写下自己对修正这个习惯都做了哪些努力，列于左侧；再将自己又重犯的方式与频率记录于右侧。你会知道自己具体的付出，以及自己做不到的原因，并思考该如何努力。最后，以周为单位，逐步见证自己的进步。
3. 以100天为单位，持之以恒地完成以上记录，你一定能大有斩获。100天后，再为自己订立另一个说改就改的目标，你的人生就能随着时间的推移，持续精进，你也会愈来愈喜欢自己。

Section 2 给自己定下奖惩规则，强化习惯的持续力。

有这样一句名言：“你播下行为的种子，可以收成习惯之果；播下习惯的种子，可以收成性格之果；播下性格的种子，可以收成命运之果。”行为、习惯、性格和命运之间，确实有种无形的牵引力。

人们常常有一些自己看不见的盲点，而这些小习气也许会成为影响我们成功或失败的最大原因。俗话说：“脾气、嘴巴不好的人，心地再好也不是好人。”这句话的意思是，你要时刻提醒自己，不要乱发脾气，但是，人是很健忘的，尤其是在生气的时候，常常是发完脾气才后悔。坏脾气，刻薄嘴，似乎只是一些行为习惯，但是这些问题最终会影响到你的人际关系，影响到你办事的成功率，最后甚至会影响你的命运。

因而，我们的确必须改正一些日常的不良行为习惯，虽然好的性格、好的习惯不必然能造就好的命运，但是，我们还是必须首先拥有这些良好的品质，拒绝负面的性格与习惯的影响，才可能成为自己命运的主人。

不过，养成好习惯又谈何容易，我们为自己设计的改造计划往往会自然而然地演变成这样的情况：一开始我们兴致勃勃地力图振作；慢慢的，我们开始放过自己，心想一、两次没做到应该没关系；最后，持续力逐渐下降，你又回到旧有的模式中。

其实，在你开始调整你的不良习惯之前，如果能够先设定奖惩制度，既可以鼓励自己坚持不懈，又可以避免半途而废，我们可以试试看。

定下奖惩方式，让行为成为习惯。

要调整已经跟了自己多年的不良习惯，如果意志力不够，可以采用自我奖惩的方式，不过，如果奖励不够吸引人，惩罚不痛不痒，也难有实效。所以，你应该先思考清楚，什么惩罚方式对你而言最有威慑力？什么奖励方式对你而言又最有激励作用？

尔云的家境不错，但是因为他个性内向，不太会主动和人建立关系，所以真正的好朋友寥寥可数。不过尔云俊俏的外貌与入时的打扮，却往往会吸引一些人主动亲近。他害怕孤单，所以也不加以选择、排斥，很快地，身边就聚集了一群酒肉朋友。而这些朋友会留在尔云身边有一个很重要的原因，就是尔云有替大家结账的习惯。

其实，这些钱对尔云而言，并不算什么，但他却没有意识到，建立在这样基础上的友情，不仅无法为他带来结识知交的机会，甚至他还有可能被那些喜欢占人便宜、拥有错误价值观的朋友误导人生。

于是，在我认识尔云之后，就一直提醒他，真正的朋友会很重视彼此的结识，而并不需要额外的金钱或物质来补贴关系。而且，建立在物质基础上的朋友也容易因金钱关系而交恶。

通过每次与这些朋友的互动，尔云渐渐了解到这个情况，但因为朋友们都已经习惯让他付账，他也习惯在饭后自动走到收银台结账，所以一时半刻，他还真不知该如何跟朋友开口提出各付各的账。

为了让尔云有效改变习惯，我与他约定了一个奖惩机制。

因为我知道，尔云很重视我这个会用真心相待的朋友，所以，我就告诉尔云，如果他再替酒肉朋友买一次单，我就一年不和他联络。不过，如果他愿意主动在饭局中告诉这些朋友：“我们今天的小聚，就各付各的吧！”那么，我愿意主动介绍一个真心的朋友给他。

一方面，我是希望尔云改掉这种随便付账的坏习惯；一方面，也是因为据我观察，尔云只是因为害怕孤单，才会逐步顺应他人，形成了这种交友模式。我既然希望他远离狐朋狗友，也必须适时地替他引荐其他更适合他、有助于彼此人生发展的朋友。

没想到，尔云第一次和那些“好朋友”开口后，有些朋友就开始找借口不参加聚会了，这让尔云心里很不是滋味。为了鼓励他，我依承诺介绍了一位和我们年龄、兴趣都相当的老朋友给尔云。结果他们一见如故，相谈甚欢。第二次，这些往日的“好朋友”主动打电话来约尔云。尔云还是不太熟稔地回复对方：“我是很想跟你们碰面，但我常常付账有点入不敷出，不如各付各的，大家彼此都比较没有负担。”

对方马上说：“这点小钱你也放在心上，什么意思嘛！”并气愤地挂了尔云的电话。这时，原本还对“兄弟情谊”抱有幻想的尔云，突然大梦初醒，原来这些人并不是真心和他做朋友。

虽然是有点残酷的方式，但是有时候，如果某种恶习已给你的人生种下了祸根，你也感受到它带来的负面影响，那么，就不如当机立断，不再放任自己沉溺于旧有的模式之中。

所以，不如花点时间，替自己定下对自己有明确警示作用的奖惩方式，推动让好习惯取代坏习惯的行动，即使一开始确实很困难，但愈做愈有心得之后，你绝对有充足的信心能根除恶习。

奖惩模式也会生锈，必须不断推陈出新。

潜能训练大师安东尼·罗宾曾举过一个有关海豚训练的例子。

如果训练师想训练海豚跳出水面的技巧，训练师会先等海豚自己跳出水面，当海豚做出这样的动作时，他就会给海豚一条鱼作为奖励。这样重复的次数多了以后，海豚的脑神经便会将跳出水面和有鱼吃的印象连结起来。

当海豚已经学会跳出水面后，为了避免海豚只满足于现况，训练师便不再每一次都给它鱼，而要等它跳得比较高时，才会给它鱼吃，这样，训练师便能慢慢地提高海豚跳出水面的高度。

之后，当海豚已经能够跳到训练师所希望的高度后，训练师也不再每一次都给它鱼吃，而是在它第三次或第五次跳跃之后，才提供奖励，这么做的用意是要让海豚不确知哪一次会有鱼吃，只在它有最佳的表现时才会得到奖赏。那么海豚为了吃鱼，每次都使尽全力跳出水面，并尽量跳得更高。

所以，为了修正习惯制订奖惩制度时，你也必须随时修正这套制度。如果经过一段时间的使用，这套制度已经对你失去吸引力或警示性，你就必须重新修正制度。这时，偶尔出现的特别奖金设定，或许会有格外的吸引力。例如，当你戒烟一年，每个月给自己一笔小奖金，或者用美食大餐犒赏自己；当你完成年度目标后，也可以用发放“年终奖”的方式，给自己一笔额度较高的奖金作为旅费，去你一直想去的国家旅游。

设定这些奖励制度的重点是，当你把这种制度当成一种自己与自己打赌的人生游戏时，那么，改变坏习惯其实没有你想象中那么恐怖，因为你就是设定人生游戏关卡的主人翁，一切都在你的掌控中。

Changing know-how 改变自己的小窍门 27/30

把力图改变的种子，深植到生活和内心。

有一款名为“种子习惯”的APP，它可以替想要培养好习惯、根除坏习惯的人做追踪记录。这个应用中记录了超过两万种生活方式，并提供智能提醒、数据追踪等帮助。而且，每天还有数以百万的“种友”，会在APP上发布自己的健康、运动、学习等习惯培养记录，还会互相鼓励监督。这么好用的软件，其实逻辑很简单，让你就算没办法应用这款APP，也可以利用这个逻辑来行动。

1. 先选出自己最想要纠正的坏习惯，或对自己最有帮助的好习惯，例如准时起床、每天要阅读一小时等，并把它发布在你的朋友圈或微博上。
2. 接下来，检示每天是否做到对自己的约定，不论有没有做，都要把结果发布到网络上。这时，你会发现，如果你做到了，会有更多人给予你肯定；如果你今天没做到，则会增加你没实现承诺的愧疚感。
3. 这种方法的杀手锏是，当你又懒病丛生时，回顾自己网上分享的记录，你就会拥有再次完成目标的全新动力。

Section 3 增强目标驱动力，改掉三分钟热度的不定心性。

巴菲特曾说："习惯的锁链总是轻得难以察觉，等到我们后来察觉时，却已经重得难以挣脱。"

习惯这条锁链，有人年轻时就看见了，所以懂得适时修改，也因而能把人生的道路走得比较顺遂，有的人却等到中年才看见这条锁链，这时若想改变多年的不良习惯，自然艰难了很多。但无论是哪种情况，在修正不良习惯的过程中，你都有可能因为目标驱动力不足，出现只有三分钟热度的情况。当然，也有可能是你本身就有一种虎头蛇尾的坏习惯使然。如果希望自己的人生不再被这些恶习绑架，你就必须提高达成目标的渴望，并延续达成目标的热情。

热情加耐力，让目标自然趋近。

美国的开国元勋之一本杰明·富兰克林曾说过："一个人一旦有了好习惯，那它带给你的收益，将是巨大的，而且是超出想象的。"这句话可以说是他本人深刻的体悟。

富兰克林曾经有个非常不好的习惯——多话，为了让自己改掉说话容易天花乱坠的坏习惯，富兰克林开始选择沉默少言。一开始他当然也是兴致勃勃，但过了一段时间，他就发现想改变的愿望不再强烈，热情度变得减低许多。于是，他开始调整自己的计划，他告诉自己，如果一星期后，自己仍无法彻底改变，就再多做一星期，一再延长时间，直到目标达成计划才会告终。

富兰克林不仅是著名的政治家，还是享誉全世界的科学家，取得如此成就与他根除坏习惯的坚强意志力不无关系。他非常清楚改掉坏习惯不能只靠三分钟热度，于是他才会让自己一再延长计划的时间，由此来强化习惯的深度。

以前学生时代，我曾经也是个三分钟热度女孩。当我想学服装设计时，便花了很多钱买了一台自动缝纫机。然而，一年过去，机器依旧完整如新，因为我对设计的热情，只维持了不到一个月而已。后来，我又想学吉他，买了吉他，也报了名，最后吉他也是放在房间里接灰尘，因为我只上了几次课就失去了兴趣。

直到有一天，我自己才幡然醒悟，这样的三分钟热度让我浪费了很多时间、金钱，要是能把这些累积起来的时间、金钱集中投资在某个领域，或许除了本业之外，我还会拥有第二专长、第三专长。

以上或许也是大多数人会遇到的情况——我们常常缺乏对目标的承诺与履行。尽管在日常生活中，很多人喜欢设立目标，但最终真正达成目标的人却是少数。让我们试着通过心理学的方式，提供给大家改掉三分钟热度的恶习，有效率地达成目标的方法。

认清现实，并理智选择。

克服三分钟热度的第一步——要学会认清现实。

第一，你要对未来抱有积极的想象；第二，你要考虑实现这个积极目标的现实难度；第三，最为关键的是你必须仔细地区分想象与现实的差别。

举个例子来说，如果你想要每天提早起床一个小时背英文单词，一开始，你可以先想象自己拥有用英文自由沟通的能力，这时，你会对拥有这样的能力心生向往。接着，你必须开始考虑每天早起一小时对你而言是否实际可行，如果你本身就已经睡眠不足了，再硬逼自己早起，这个计划可能很难撑过一周吧。所以，考虑现实情况，如果要求自己早起一小时很难，就缩减为三十分钟，或是改成一天中其他更有余裕的时段，这样就能降低执行时的难度。这时，你已经综合考虑过理想与现实之间的差别了，那么这个计划的可操作性和可执行度都会提高。

克服三分钟热度的第二步——理智选择，确定目标。

一般来说，我们不喜欢逼自己在众多目标中做出选择，然而无论从认知还是情绪上来说，决定做一件事情本身就是有风险的，所以如果我们要全力以赴达成一个目标，就不能花太多时间再想象另一个目标，否则，最后你可能什么也得不到。

简单地说，延续三分钟热度的第二步，就是你绝对不能三心二意。在认清现实的第一阶段，你就要制订目标并确定前面章节谈到的奖惩计划。开始执行时，你一定会遇到一些困难，这个时候一定不能更换目标或一再调整奖惩的内容。所以，你必须选择一个自己愿意为之倾注全力的目标去努力，标靶愈清晰，你射中靶心的几率也愈高。

以上，无论是认清现实，还是确定目标，都是帮助于你克服三分钟热度的方法，将之应用在你克服不良习惯的过程中，会帮助你更有效率地提升自我。

Changing know-how 改变自己的小窍门 28/30

有没有毅力，取决于你的渴求和理解。

常有朋友说自己没有毅力，做什么事情自己都无法坚持，其实不然。先回答下面两个问题“你做什么事情都没有毅力吗？吃饭有没有毅力？”“你对任何事情都无法坚持吗？你可不可以把‘没有毅力’这件事情坚持下去呢？”上面的两个问题，是引导你反省自己，有没有毅力，取决于你有多么渴求。当你认清事实，下面的方法才能帮你改变自己。

1. 你需要有毅力去坚持的东西，真的是你想要的吗？假如不是，当然很难坚持。所以，首先要了解自己到底要什么，再来谈毅力。
2. 有没有一些事情是自己想要的，却也无法坚持呢？那么就去思考原因，是没有信心？是畏惧困难？还是方法不对？只有找到原因才能解决问题。
3. 世界上并没有“难”的事情，只有“难”的感觉。假如有些事情是你确定想要的而没能做到，那么并不是你做不到，只是你暂时还没有完全理解这件事，试着去深入了解它，从内心接受它。

Section 4 强化改变前后的差异性，让自己不愿回到过去。

有的时候，我们不是不知道“改变不良习惯人生会更美好”，而是没意识到“如果不改变人生有多糟糕”。

我有个习惯迟到的朋友，平常聚会时，他只是迟到几分钟，朋友们并不会非常介意，这个坏习惯对我朋友的生活似乎也不构成影响。然而，有一天当他面试时，依旧毛病不改，终于因此失去了一个好的工作机会。这时，他才知道迟到给人的观感有多差。

后来，当他换下一个工作时，每天上班都提早到一二十分钟，并从不懈怠。改掉了迟到的坏习惯，不仅让他的工作更顺利，与朋友的相处也更融洽，他很庆幸自己的这个改变。

机会会留给愿意见证自己改变的人。

我发现在改变与不改变之间，我们往往会陷入一种“那结果会变怎样？”的心理纠结中。因为人们总是希望用最简单的方法，来满足自己的需求，而这个简单的方法最好不需要自己付出和冒险，他人或环境就可以主动顺应自己。一旦察觉到改变无法立即带来成果时，他们又会困惑“那我为什么要改变？”

比如，有些人会陷入职场上的纠结，他们渴望遇到一份更好的工作，但是又不主动去找工作；有些人则是对感情困惑，他们渴望一个好的对象，但又不愿意付出太多。

因为看不到结果，所以很多人都迈不出改变的第一步。如何才能决心改变，并持之以恒呢？有这样一个角度可以尝试，我们去观察身边成功改掉坏习惯的人，仔细看看他们改变前后的差异，发生在他们身上的巨大转变一定会给你动力。

我们常常会在报纸杂志上，看到许多美容减肥的广告，其中都会摆上减肥者瘦身前后的对比照片，这种广告的视觉效果极佳，因为它清楚地展示了做与不做之间的明显差异。再举一个比较极端的例子，就像总是酒驾的人，如果经历过一次因酒驾导致的人伦悲剧，他绝对立马就会改掉这个害人也害己的恶习。但是，等到我们心生遗憾之际，往往很多原本可以避免的伤害已经造成了。既然如此，何必“不见棺材不掉泪”，不如现在就列出改变与不改变的正负表现，让你自己清楚判断，何者会让自己人生变得更好。

不为过去悲观，勇敢变得更好。

我们每一个人都希望让生命变得更好，尽管我们是这样盼望，但要我们真正做出改变，却常常办不到。我们宁愿他人来适应我们，也不愿自己主动改变去适应一切。

就像我自己，一向都有点顽固，甚至现在，每当我的生命中有需要做出新的决定和转变时，我那点顽固便会从内心深处浮现出来，使我抗拒改变。所以，我一直把对付顽固作为我的人生课题之一。当我察觉到自己又冥顽不灵时，我总会告诉自己，我是在生命的重要转折点上，决不能姑息懈怠，任顽固胜利，既然我决定在我生命中要有所收获，就一定要拿出改变的魄力。

有一点我们一定要明白，认识到自己过去的错误，并不表示我们过去做得不好，不必为我们的过去悲观，应该在我们愿意改进的当下鼓起勇气，认真地对自己说：“我愿意改变。”

Changing know-how 改变自己的小窍门 29/30

赶快培养改变的经验与习惯，有改变才有机会。

世界一直在变，从量变到质变，无时不变，而我们每一个人都需要以“小碎步”的改变，亦步亦趋跟上世界变动的脚步，切莫累积到很大的落差，才想跟上进度，那时要改变就会既艰难又痛苦。就像体态的维持要靠随时注意，而不是太胖了才用剧烈的方法减肥。所以，赶快培养改变的经验与习惯，就能尽早坐收改变带给自己人生的效益。

1. 成功的人会勇敢面对困难、挫折，失败的人则会一直逃避。面对困难与挫折，如果你仍保持积极自信且愈挫愈勇的态度，那么你将拥有更多的时间和机会去赢得成功。
2. 成功的人总是抓紧时间，失败的人总在浪费时间，成功的人相信只有更加善用时间，才有机会跑得比别人快，才有机会跑在别人前面。
3. 美国管理学大师彼得·圣吉曾说：“人抗拒的不是改变，而是被改变”。因为改变意味着否定自己过去相信的事情，但成功的人总是勇于改变、适时转变，他们相信这世界唯一不变的就是变，所以他们觉得改变不算什么，有改变才有机会。

Section 5 养成好习惯，还要坚持不懈地保有它。

大文豪托尔斯泰曾说过：“习惯正一天天地把我们的生命变成某种定型的化石，我们的心灵正在失去自由，成为平静而没有激情的时间之流的奴隶。”所以，如果能一日三省吾身，早点发现自己的不良习惯，趁早改变，人生才会拥有更丰富的色彩。

如果你有心力图改变，更要告诫自己，过去种种譬如昨日死，今日种种譬如今日生。把改变后的你当成一个自己亲手培植的花园，未来的四季中花朵是否皆能依时绽放，都看你是否持续看顾并照料自己内心的这块园地。

你有什么理由不继续坚持下去?

美国的华裔篮球明星林书豪曾说：“你必须经过很多努力来证明自己，无法只通过一场好球，就让所有人对你心服口服，你必须不断拿出精彩的表现。”

人生也是如此，我们的一生就像是一场好习惯与坏习惯的拉锯战，要一直坚持好的习惯很难，但养成坏的习惯却很容易，所以如果你不坚持向着正确的方向努力下去，人生很容易就会被坏习惯虚耗掉。

那些在各个领域功成名就的人，总是努力坚持着某些他们认为的好习惯。比如，日本7-Eleven便利店创始人铃木敏文，他三十多年上万个日子的午餐，都习惯以7-Eleven的商品解决，甚至周末也带着试吃品回家。因为不断试吃，他总是可以发现商品的不足，也因为他亲自试吃，开发商品的员工更是战战兢兢。这种坚持不懈的习惯，让他成就了世界上最大的便利连锁店，而他本人更被日本媒体称作是继松下幸之助之后，日本的“新经营之神”。

香港富商李嘉诚小时候在茶楼当跑堂伙计时，就习惯把闹钟调快八分钟，这是为了让自己提前做好准备。经过多年努力，他功成名就，还仍然维持把表调快八分钟的习惯，因为快八分钟可以让他做得比别人快、比别人好。

正是这些始终被坚持着的好习惯，一直在成功人士的生命中持续扮演着非常重要的角色，这些好习惯使成功者不容易在时代的演变中被淘汰，使他们拥有比许多年轻人更跟得上世界潮流的想法和做法。养成一个好习惯，并坚持不懈地保有它，你将一生从中受益。

你不能掌握命运，却可以掌握习惯。

年过四十的金城武，二十年来一直是影迷心中的偶像，是什么让金城武的魅力可以持续如此之久呢？原来，金城武有一个“爱问为什么？”的好习惯，正是这个习惯造就了舞台上发光发亮的他。因为通过不断地“问”导演，金城武在表演中才能做到演得更到位、演得更传神。

有些人总会认为自己天生的命运就比别人差，但是，其实命好不如习惯好，与其希望改变虚无缥缈的命运，不如持续累积会让自己成功的好习惯。即使将一大笔钱给了一个穷人，过了一阵子后，他也许仍然会一贫如洗，但一个白手起家的富豪即使损失了一笔钱，他还是能够将那笔钱赚回来。与其求鱼，不如让自己具备钓鱼的能力，上天很公平，你不能控制你所谓的命运，却可通过努力养成使你成功的好习惯。你不能清楚预测未来命运的转变，但是只要你愿意改变，人生一定会向着成功靠近。

Changing know-how 改变自己的小窍门 30/30

培养好习惯，再加上持续的力量。

好习惯只要加上持续的力量就能成就大事。养成一个好习惯本来就不容易，我们每个人都有惰性，坏习惯正是顺应惰性而形成的，好习惯则是要克服惰性，所以我们不得不花费更多的时间、经历、毅力来养成一个好习惯。更为重要的是，好习惯的养成正如逆水行舟，不进则退，如果我们持续保有这个好习惯，一旦松懈，一切又将回到原点。

1. 审视你自己，你是不是一个拥有良好习惯的人呢？还是你发现自己的身上真是恶习不少？
2. 告诉自己：“我想要拥有全新的人生，就一定要做出某些改变。”现在就列出那些必须改正的坏习惯清单，为自己的人生努力一次，全新的人生正等着你。
3. 时刻牢记持续的力量，一时的改变不难，一时的进步也容易达成，困难的是坚持不懈，让好的行为方式成为自然而然的习惯，同时还要小心呵护保有它。